精确制导技术系列丛书

导弹微分几何制导技术

叶继坤　雷虎民　周池军　著

西北工业大学出版社

西　安

【内容简介】 本书主要介绍了微分几何理论基础、微分几何制导律研究现状、基于零化视线角速率的微分几何制导律、时域内微分几何制导律、基于滑模控制理论的微分几何制导律、微分几何制导律制导参数估计方法和地空导弹六自由度全弹道仿真分析等内容。全书内容广泛、系统，汇集了作者多年的研究成果和该领域的最新研究成果。

本书可供从事导弹制导理论和应用方法研究的科技人员使用，也可作为高等学校导航制导与控制专业或相关专业的教师、研究生和高年级本科生的参考用书。

图书在版编目(CIP)数据

导弹微分几何制导技术/叶继坤，雷虎民，周池军著.—西安：西北工业大学出版社，2021.1

ISBN 978-7-5612-6828-5

Ⅰ.①导… Ⅱ.①叶… ②雷… ③周… Ⅲ.①微分几何-应用-导弹制导-研究 Ⅳ.①TJ765.3

中国版本图书馆 CIP 数据核字(2020)第 021824 号

DAODAN WEIFEN JIHE ZHIDAO JISHU

导 弹 微 分 几 何 制 导 技 术

责任编辑：李阿盟　许程明　　**策划编辑**：华一瑾
责任校对：付高明　刘　敏　　**装帧设计**：李　飞
出版发行：西北工业大学出版社
通信地址：西安市友谊西路 127 号　　**邮编**：710072
电　　话：(029)88491757，88493844
网　　址：www.nwpup.com
印 刷 者：兴平市博闻印务有限公司
开　　本：787 mm×1 092 mm　1/16
印　　张：7.875
字　　数：207 千字
版　　次：2021 年 1 月第 1 版　　2021 年 1 月第 1 次印刷
定　　价：48.00 元

前　言

弹道导弹、高超声速飞行器和巡航导弹的快速发展，使得空中作战环境日趋复杂，防空导弹面临着前所未有的挑战。为了适应未来战争的需要，防空导弹需要解决诸如对付大机动高速目标、大空域作战拦截和超低空目标拦截等问题。导弹的制导、控制系统作为导弹的大脑和中枢神经，直接决定着拦截效果，但对于新型空中目标，经典制导律已经不能满足作战需求，必须研究先进的防空导弹制导技术，以进一步优化导弹拦截弹道，提高导弹的制导精度。

考虑到在导弹拦截目标的过程中，拦截器与目标的运动轨迹本质上是三维空间中曲线的弯曲和扭转，而曲线的运动又引起空间曲面弯曲度和曲面域面积的变化，所以对弹目运动轨迹的研究可转化为对曲线和曲面的研究。鉴于微分几何理论就是研究空间曲线和曲面特性，并在曲线论和曲面论基础上对其运动特性进行研究的一种数学理论，所以采用微分几何理论对弹目拦截问题进行建模是一种很自然的选择；从曲线与曲面等几何关系的角度研究目标拦截问题，这为制导方法研究提供了新的思路。

本书是笔者的研究团队以多年科研工作为基础，同时参考国内外相关学者的研究工作，在微分几何制导技术方面成果的总结和提炼。书中详细介绍了微分几何理论基础知识、微分几何拦截模型、微分几何制导律设计，以及捕获状态研究等方面的内容。全书共分为 6 章：第 1 章为绪论，简要介绍制导律，分析了几何制导律和制导律捕获条件的研究现状；第 2 章为基于零化视线角速率的微分几何制导律，介绍了微分几何理论基础知识，并对机动目标和非机动目标进行了微分几何制导指令设计；第 3 章对时域内微分几何制导律进行介绍，建立了相对速度坐标系，并以此为基础介绍了对机动目标和非机动目标的微分几何制导律捕获条件；第 4 章将滑模控制理论与微分几何理论相结合，设计了新型制导规律，并对制导规律的有限时间收敛性和捕获条件进行了分析介绍；第 5 章为微分几何制导律制导参数估计方法，介绍了目标运动模型和导引头观测方程，探讨了微分几何制导律中的制导参数的估计；第 6 章为地空导弹六自由度全弹道仿真分析，介绍了仿真平台的设计与组成，并通过全弹道仿真对本书中涉及的微分几何制导律进行了对比分析。

在本书出版之际，笔者由衷感谢空军工程大学防空反导学院的李炯副教授、邵雷副教授、胡小江讲师、赵岩讲师、卜祥伟讲师和张婧讲师的悉心指导和热情帮助。

本书的研究内容得到了国家自然科学基金（编号：61703421、61873278、61573374、61503408、61603410、61703424）和航空科学基金项目（编号：20150196006）的资助。

由于研究水平有限，提出的观点难免有失偏颇，欢迎读者批评指正。

著　者

2020 年 1 月

前言

目　　录

第1章 绪　　论

1.1 引　　言

随着信息技术和计算机技术的高速发展,先进空中武器机动性能水平有了突飞猛进的发展,各种新型的歼击机、轰炸机、无人机以及精确制导武器系统不断出现,在机动性、隐身性和攻击性能等方面都有了较大程度的提高。同时,随着世界范围内弹道导弹技术的不断扩散,对地空导弹反导能力的要求也在不断提高。科索沃战争、阿富汗战争、伊拉克战争以及叙利亚战争等典型局部战争表明,只有拥有强大的防空武器,才能保卫国家的领土和领空安全。

为了适应未来战争的需要,地空导弹需要解决诸如对付大机动飞机类目标、大空域作战拦截和拦截超低空目标等问题。因此,研究先进的地空导弹制导技术,以进一步优化导弹的拦截弹道,提高导弹的制导精度,更好地协调机动性与稳定性之间的矛盾,最大限度地发挥导弹作战性能等需求变得日益迫切[1-2]。

随着空间技术、现代控制技术等科学技术的发展,空中目标的机动性能日益增强,作战环境日趋复杂,经典制导律已经不能满足现代作战要求,设计及应用性能更优良的制导律已成为当前迫切需要进行的一项重要工作[3-5]。近30年来,现代制导律的研究受到普遍重视,国内外关于现代制导律的文献众多,主要原因是由于经典制导律,特别是比例导引法在对付高速机动目标时显得无能为力[6-10]。现代制导律主要包括最优制导律[11-14]、变结构制导律[15-17]、微分对策制导律[18-20]、奇异摄动制导律[21-23]和鲁棒制导律[24—30]等。但现代制导律形式较为复杂,需要测量的信息量较多,因此在实际应用中受到一定的限制,研究新型的地空导弹制导律是亟待解决的问题。

随着古典微分几何理论的发展,尤其是伏雷内(Frent)坐标系的引入,基于弧长系的微分几何理论成为制导领域的研究热点。考虑到在弹目拦截问题中,导弹和目标的弹道属于三维空间曲线,拦截过程中,不仅导弹和目标的瞬时密切平面不同,而且随着拦截的进行,导弹和目标的角速度矢量的大小和方向也不断变化。因此,导弹和目标的弹道分别由其曲率和挠率指令所决定,曲率和挠率指令分别作用在各自的单位法线方向和单位副法线方向,而微分几何曲线理论就是研究空间曲线的特性,并在曲率和挠率参数的基础上对其特性进行阐述的一种数学理论[31],因此,它提供了一种研究导弹在空间运动的新思路。

基于上述实际需求,本书以地空导弹防空作战为研究背景,针对地空导弹高精度末制导律相关的关键技术展开研究。为克服传统比例导引由于末端视线角速率发散导致的过载饱和问题,采用微分几何理论,基于零化视线角速率的思想设计高精度末制导律,并对微分几何制导律的捕获条件展开深入研究。为克服目标机动项对制导性能的影响,设计了基于滑模控制理论的微分几何制导律。为有效估计目标机动加速度,使设计的制导律能够进行工程应用,提出一种目标机动的九状态动态模型,结合无迹卡尔曼滤波算法对制导律的制导参数进行估计。由于导弹制导系统设计是一项复杂工程,因而本书所研究内容不可能覆盖制导系统设计的全部方面，这里旨在提供一种理论上的设计思路，以解决导弹制导律设计中的关键问题。基于微分几何理论的制导技术研究还处于初步发展阶段，其拦截建模、分析手段以及与现代控制理论相结合等方面还有待进一步的完善和提高，因此，在微分几何的理论体系下，开展地空导弹制导技术应用研究具有重要的理论指导意义和工程应用价值。

1.2 制导律研究现状

导弹的制导、控制系统是导弹的大脑和中枢神经，它直接决定着拦截效果。导弹制导律是作战中实现导弹拦截目标的关键技术之一，制导律的选择对导弹能否精确打击目标至关重要，它根据双方的相对位置、速度和加速度等基本信息，导引拦截弹接近目标，实施攻击。针对机动目标的攻击制导技术是制导律研究的重点[32-35]，这是因为实际作战中双方采取机动方式对抗，目标的机动往往难于预测，为此人们采用不同的理论和方法并从不同角度研究针对机动目标的制导律，以提高武器的制导性能。本节对导弹制导律的研究状况进行综述，探讨现有制导律的不足之处和未来的发展趋势，以期为导弹制导与控制及相关问题研究提供参考。

1.2.1 经典制导律及其应用限制

自第二次世界大战诞生以来，制导律已经发展出多种形式。建立在早期概念上的制导律通常称为经典制导律。经典制导律所需信息量少、结构简单、易于实现，现役的战术导弹大多数使用经典的制导律或其改进形式[1,36]，主要有追踪法、三点法、前置角法、平行接近法和比例导引法等。它们以质点运动学研究为基础，不考虑导弹和目标的动力学特性，制导律的选取随着目标飞行特性和制导系统组成的不同而不同。

1. 追踪法

追踪法是指导弹在攻击目标的制导过程中，导弹的速度矢量始终指向目标的一种制导方法。追踪法是最早提出的一种制导方法，技术上实现是比较简单的。唐成师等人将速度追踪导引律引入中制导，讨论了速度追踪系数的取值方法，以及其与前置角稳态误差的关系，给出了制导参数的优化方法，解决了初制导段前置角振荡及导引头截获距离附近前置角稳定性协调问题[37]。宋锦武等人对追踪法进行了改进，以导弹初始瞄准误差为初始小扰动，建立理想条件下速度追踪制导律制导回路模型[38]，得出理想条件下的速度追踪制导律，通过对法向过载及终点脱靶量的分析，给出了制导律设计参数的范围，在一定程度上提高了追踪法的制导性能。由于追踪法制导在技术实施方面比较简单，部分空地导弹、激光制导炸弹采用了这种制导方法。但这种制导方法的弹道特性存在着严重的缺点：因为导弹的绝对速度始终指向目标，相对速度总是落后于目标线，不管从哪个方向发射，导弹总是要绕到目标的后面去命中目标，这样导致导弹的弹道较弯曲（特别在命中点附近），需用法向过载较大，要求导弹有很高的机动性。由于可用法向过载的限制，导弹不能实现全向攻击。同时，考虑到追踪法制导命中点的法向过载，速度比受到严格的限制，因此，追踪法目前应用很少。

2. 平行接近法

平行接近法是指导弹在整个制导过程中，目标瞄准线在空间保持平行移动的一种制导方法，即要求目标视线的转动角速率应为零。文献[39]利用飞行性反馈原理和平行渐进原则设计了一种三维空间中的平行导引法，提出了一种视线角速率为某一常值的准平行接近法，但这种方法形式复杂，因此难以在实际工程中实现。康景利等人利用视线角速度趋于零的指标函数和低阶等效辨识模型与快速自适应控制方法实现了战术导弹的平行接近制导律[40]，该制导律不受速度比限制，可实现全向攻击。进一步的分析表明，与其他制导方法相比，用平行接近法导引的弹道最为平直，还可实行全向攻击。因此，从这个意义上说，平行接近法是最好的制导方法。但是，到目前为止，平行接近法并未得到广泛应用，其主要原因是这种制导方法对制导系统提出了严格的要求，使制导系统复杂化。它要求制导系统在每一瞬时都要精确地测量目标及导弹的速度和前置角，并严格保持平行接近法的导引关系，而实际上，由于发射偏差或干扰的存在，不可能绝对保证导弹的相对速度始终指向目标，因此，平行接近法很难实现。

3.三点法

三点导引法是指导弹在攻击目标的制导过程中，导弹、目标和制导站始终在一条直线上。这种制导方法的最大优点是技术实施简单，抗干扰性能好。但缺点是当迎击目标时，越是接近目标，弹道越弯曲，且命中点的需用法向过载较大。这对攻击高空目标非常不利，因为随着高度增加，空气密度迅速减小，由空气动力所提供的法向力也大大下降，使导弹的可用过载减小。这样，在接近目标时，可能出现导弹的可用法向过载小于需用法向过载的情况，从而导致脱靶。在现实环境中，由于目标机动、外界干扰以及制导系统的惯性等影响，制导回路很难达到稳定状态，因此，导弹实际上不可能严格地沿理想弹道飞行，即存在动态误差，而且理想弹道越弯曲，相应的动态误差也就越大。按三点法制导迎击低空目标时，导弹的发射角很小，导弹离轨时的飞行速度也很小，操纵舵面产生的法向力也较小，因此，导弹离轨后可能会出现下沉现象，若导弹下沉太大，则有可能碰到地面。朱卫兵等人对三点法导引弹道进行了研究，并对特殊情况下的弹道方程求出了解析解[41]；关为群应用“状态最优预报”研究了一种补偿目标横向机动时激光驾束三点法制导动态误差的方法[42]，根据“随机最优估计”中“状态最优预报”原理，提出了补偿此动态误差的弹道修正方案——位置偏差前置量法及改进控制系统的结构设计方案。

4.前置量法

前置量法也称角度法或矫直法，采用这种制导方法导引导弹时，在整个飞行过程中，导弹—制导站的连线始终提前于目标—制导站连线，而两条连线之间的夹角按某种规律变化。该制导方法的最大优点是在命中点处过载较小且不受目标机动的影响，弹道比较平直，缺点是所需的制导参数较多，使得制导系统结构复杂，抗干扰能力差。杨林华探讨了前置角的选择方法[43]；严卫生基于模糊逻辑理论，在不需要解析目标速度的前提下，通过在线自组织调整航行器的前置角，提出了一种水下航行器模糊前置点的制导律[44]；刘惠明对前置角方法进行了改进，探讨了变系数的变前置角制导方法[45]。目前，以经典的前置量法为基础，结合攻击目标类型进行改进，演变出不同类型的前置量法，前置量法在地空导弹遥控制导武器系统中有着较为广泛的应用，尤其在射击高空、高速目标时具有较好的拦截效果。

5.比例制导律

在经典制导律中，比例制导律因为可有效对付机动不大的目标，实施简单而被广泛应用。比例制导律的优点是构造简单，易于实现，而且对元、部件规范要求不高，有较强的抑制噪声的能力；缺点是仅适合攻击小机动目标，前向攻击能力差，对制导增益选择比较敏感，当对付机动性能较强的目标时，需要提高制导增益，但随之会带来噪声抑制能力的下降，因此，人们不断对比例制导律进行改进。到目前为止，人们普遍采用比例制导法及其改进形式作为导弹的制导律。张岩等人运用解析重构的方法形成目标加速度信息并将其加入制导律中，提出了一种“解析重构比例制导律”，提高了自导引导弹的性能[46]。程凤舟通过引入目标机动加速度和导弹的轴向加速度信息，对比例制导律进行修正，优化了制导律中的各参数[47]，仿真结果表明修正比例制导律的过载分布合理，且制导指令形式简单；文献[48]基于 Lyapunov 定理对增强比例制导律进行修正，设计了一种变系数的比例制导律，减少了增强比例制导律对目标机动加速度信息的依赖程度。虽然比例制导律及其改进形式已经得到广泛应用，但是当攻击有对抗性的大机动目标时，比例制导律在理论上存在一定的缺陷[49-50]，会产生不能保证视线稳定、脱靶量大等问题。现役中远程地空导弹末制导段大多采用比例导引及其改进形式，主要设计时变的比例系数或增加修正项进一步提升比例导引律的制导性能。

1.2.2 现代制导律及其应用限制

随着计算机技术、空间技术和现代控制技术等科学技术的发展，空中目标的机动性能等能力日益增强，作战环境日趋复杂，经典制导律已经不能满足作战要求，设计及应用性能更优良的制导律已成为当前迫切需要进行的一项重要工作。近 30 年以来，现代制导律的研究受到普遍重视，国内外关于现代制导律的文献众多，主要是为了解决经典制导律在对付高速机动目标时制导效果不理想的问题。

现代制导律研究有以下几个主要特点：

(1)现代制导律是一种性能优良的制导方式，具有对付高速机动目标的能力；

(2)现代制导律能够满足高精度导引的要求；

(3)现代制导律是一种更复杂、更先进的制导律，它要求导弹必须具有较大的需用过载，弹上计算机必须满足快速计算的能力；

(4)现代制导律对目标加速度估计误差、剩余时间估计误差的灵敏度要求高，也对测量元件的精度提出了更高的要求；

(5)现代制导律从本质上看是一种修正的，或者说变系数的最佳比例并附加补偿信号构成的导引规律。

现代制导律研究主要包括最优制导律、变结构制导律、模糊制导律、神经网络制导律、微分对策制导律和变结构制导律等。

1. 最优制导律

最优制导律是根据战术技术指标要求，引入性能指标(通常表征导弹的脱靶量和控制能量)，把导弹或导弹与目标的固有运动方程视为一组约束方程，加上边界约束条件后，应用极小值原理推出的制导律[51-53]。近十几年来，国内外学者在理论上对非线性最优制导律的研究给予了很高的重视，并提出了多种非线性最优制导律。最早的离散最优制导策略是由 M. Templeman 给出的[54]，Stallard 利用线性化模型和终端约束提出最优制导律[55]；R. B. Ashen 和 J. H. Matuyeusk 在假设目标加速度为外界干扰的条件下，获得了最优线性制导律[56]；L. A. Stockum和 K. C. Wei 等人研究了近距离格斗的最优制导律[57-58]；D. J. Roddy 等人对倾斜转弯导弹设计了最优视线制导律[59]；M. Guelman 和 J. Shinar 在假设加速度指令垂直于导弹速度矢量和目标运动信息已知的条件下，通过椭圆积分和求解非线性代数方程，获得了平面内拦截机动目标的最优制导律[60]；P. R. Kumar 等人研究了中距离导弹的三维次最优制导问题[61]；J. J. Ford 等人研究了带有约束的三维制导律[62]，将制导律设计转化为应用动态规划方法解决连续系统最优终止控制决策问题。最优制导律结构多变且制导信号多，对目标加速度估计误差、剩余飞行时间估计误差的精度高，当剩余飞行时间估计误差较大时，制导精度会急剧下降。

2. 微分对策制导律

微分对策制导律（Differential Game Guidance Law，DGL）实质上不是一种最优制导律。与最优制导律相比，它将最优控制与对策论相结合，实现真正的双方动态控制。近年来，国内外许多学者致力于 DGL 的研究。汤善同将 DGL 与修正比例制导律的制导性能进行了比较，提出了防空导弹拦截高速大机动目标时，可利用 DGL 和强迫奇异摄动方法求取零阶组合反馈解析解，并指出这种制导律只需要导弹和目标的位置、状态变量和法向过载，易于弹上实现[63]。万自明设计了一类对付机动目标的 DGL，在三维空间内针对具有动力学滞后的导弹与目标，建立了全信息二人零和非线性微分对策模型，采用强迫奇异摄动方法，求解出局中人的最优策略[64]。文献[65]针对摄动问题，通过引入微分对策理论，设计了导弹基于微分对策的鲁棒近似最优制导律，并利用微积分方法求取最优闭环制导律的必要条件。顾斌等人运用微分对策理论研究了具有一阶延迟环节的战术导弹和机动目标之间的三维追逃对策问题[66]，对二人零和非线性微分对策制导律给出了一个近似反馈解，从而避免求解动态最优化问题中出现的两点边值问题（Two - Point Boundary Value，TPBV）。P. K. Menon 等人推导了一类近程战术导弹的非线性 DGL[67]，研究了制导律最优策略存在的必要条件，该制导律对战术导弹实施大攻角机动运动非常有利。沈如松应用微分对策理论研究了一类防空导弹的三维制导律[68]，考虑了制导律实现的要求，采用强迫奇异摄动方法推导出零阶反馈解析解，得到次最优策略，并指出这种近似反馈控制策略仅依赖于双方的相对位置变量及各自性能参数，避免了求解复杂的两点边值问题。

3. 模糊制导律

模糊逻辑控制器具有不依赖精确对象模型、能够对高度非线性对象进行映射的能力和良好的鲁棒性能，许多模糊控制理论已经应用到导弹制导和控制过程中。以模糊逻辑控制为基础的制导律大致分为基于模糊规则的制导律、自组织模糊制导律和与其他智能理论融合的模糊制导律等几种类型。S. K. Mishra 等人最先将模糊控制应用到导弹末制导律的设计中，完成了以模糊逻辑为基础的制导律性能计算和分析[69]；R. G. Gonsalves 设计了空空导弹模糊制导律，将传统的 PID 制导律转化为具有模糊逻辑形式的制导律[70]；Shieh 设计了以模糊逻辑为基础的末制导规则，并应用 Lyapunov 理论验证了制导系统的稳定性[71]；Lin 等人针对波束扫描技术提出基于导弹目标视线的模糊制导律[72]，但此制导律主要是针对特定类型目标的拦截，对拦截不同类型目标的灵活性不高，此后又提出了一种拦截大机动目标的复合制导律[73]；V. Rajasekha设计了能代替传统比例制导律的模糊控制器，同时考虑了控制死区和加速度命令执行器饱和限制，设计的模糊控制器能够很好地完成制导比例系数的调节[74]。

上述以模糊逻辑为基础的制导律设计方法同文献[75 - 80]相似，都是在模糊推理规则基础上完成基本算法设计，但要获得满意的模糊制导规则需要依赖于大量的人类知识和经验进行反复试验，这需要花费大量的时间。而几种具有自组织功能的模糊逻辑控制器设计方法[81-83]，在每次运行中只能进行一个或者多个规则的修正，控制作用需要较长的收敛时间。

4.神经网络控制制导律

随着神经网络控制理论的发展，越来越多的学者将神经网络的学习推理能力应用到导弹制导律的设计中[84-93]。R. G. Gottrel[85]等人用神经网络设计了动能武器毁伤弹道导弹的制导律；Zhou利用神经网络的学习和推广能力，对开环的数字最优制导律进行离线的学习，作为闭环的神经最优制导律在线应用[91]，通过分别选择系统状态变量和视线角速率等参数，研究了不同的神经网络输入对制导系统性能的影响，各种制导律的鲁棒性问题，以及采用模块化结构提高神经网络的学习和推广能力的途径，并得到一些有意义的结论；西北工业大学的曹光前将神经网络技术与动态逆补偿法和非线性优化法相结合，提出了两种精确末制导律[89]；北京航空航天大学的董朝阳将模糊学习规则引入神经网络的学习算法中，提出了基于模糊神经网络最优寻的末制导律[92]，它不仅满足导弹能量最省、脱靶量最小的条件，同时考虑了末制导段推力矢量控制受限的问题；文献[93]中，周锐教授基于神经网络理论对寻的导弹鲁棒制导律进行了优化设计，采用伴随BP技术，将微分对策的两点边值求解问题转化为两个神经网络的学习问题，避免了直接求解复杂的鲁棒制导律问题。但是，目前神经网络控制仍存在大量的理论问题有待解决，同时神经网络实时性的约束，使其在实际工程中的应用受到一定限制。

5.变结构制导律

近些年来，国内外许多专家学者对变结构控制在导弹寻的制导和目标拦截中的应用做了大量有益的研究，设计了多种形式的基于变结构控制的制导律[94-100]。周荻等人[101-102]采用自适应变结构控制方法，设计了一种自适应滑模制导律，并对滑模运动对于扰动和参数摄动的不变性进行了证明；汤一华等人[103]在不考虑动能拦截器姿态运动的前提下，提出了一种基于Terminal滑模的鲁棒末制导律，将非线性项引入到了滑动模态中，保证了末制导系统的全局快速性。

考虑到抖振是变结构控制理论的一个比较严重的缺陷，也是阻碍变结构制导律应用的主要障碍之一，如何在不破坏鲁棒性的前提下有效地避免或者消除抖振是变结构制导律设计中的一项重要内容[104-106]。为此研究人员采用了多种方法来解决滑模控制的抖振问题[105-117]，其中一种方法是用具有边界层的饱和函数取代变结构控制的不连续函数项[107]，这种方法虽然能够削弱抖振，但是会损失滑模控制的性能。因此，K. B. Ravindra又研制了一种SWAR制导律[108]，基于设计的滑动面，可以产生连续的加速度制导律，从而降低了抖振。20世纪80年代J. J. Slotine等人[115]提出了“准滑动模态”和“边界层”的概念，采用饱和函数代替切换函数，有效地避免或削弱了抖振；宋建梅针对驾束制导导弹，运用该状态方程的转移矩阵，重新定义了零脱靶量，使其不再需要估计剩余时间，并将此作为滑模切换面，利用超螺旋算法，根据二阶滑模控制方法设计了一体化超扭曲二阶滑模制导律[117]。

综上所述，以上各种现代制导律在飞行制导控制系统中被大量研究，而且表现出比传统制导律更多的优越性，但这些方法都存在不同程度的缺点，结构较为复杂，需要目标信息量较大，不便于实际工程应用。而几何制导律的研究是不同于经典制导律和现代制导律研究的一种新思路，下一节将对几何制导律的国内外研究现状进行简要介绍。

1.3 几何制导律研究现状

1.3.1 国外研究现状

近几年,基于几何理论设计制导律成为研究的热点[118-125]。微分几何相关理论在制导领域中的最初应用是用来推导空间纯比例导引律[126](PPN)的。文献[126]中,作者用视线平面的法向(Normal)和切向(Geodesic)曲率矢量来描述空间相对运动轨迹,并以此得到了空间PPN。S. Bezick 等人利用非线性几何方法以及反馈线性化理论设计了一种能补偿较大的初始发射偏差的制导律[127],并将该制导律与传统的比例导引律结合设计了一种新制导律,从而满足拦截末段过载的要求。

由于在比例导引律中,导弹的过载与视线的旋转角速度成比例,因此若目标和导弹沿直线背向飞行的话,比例导引将会失效。为弥补此缺陷,G. Leng 引入相对指向误差角(即相对速度与视线反方向的夹角,简称 RHEA)概念[128],利用 Lyapunov 稳定理论,设计了一种新的制导算法,使 RHEA 变为零,该算法可以保证在任何初始条件均可实现拦截,从而达到全向打击。针对大的相对指向误差角场景,D. R. Taur 对 G. Leng 的算法进行了修正[129],给出了二维平面和三维空间中的制导律表达式,并针对其实际应用,提出了一种可行的估值算法。

O. Ariff 等人设计了一种新颖的基于目标弹道渐开线的微分几何制导算法[120],该算法仅需要知道目标的轨迹信息而不需要视线信息,利用虚拟目标概念来决定导弹的轨迹渐开线,并以此跟踪目标的渐开线,从而实现拦截。虽然该制导律具有不直接控制拦截弹弹道曲率的优点,却只对非机动目标有效,并且拦截时间长于比例导引律。在平面拦截场景中,英国克兰菲尔德大学的 B. A. White 等人也对微分几何制导律进行了研究,他们基于古典微分几何的曲率以及挠率理论,推导出一种可实现直接碰撞的制导算法[130-131],并给出了一种对机动和非机动目标的普适的捕获条件。其制导律设计的思想是假设目标匀速直线运动,或者只在垂直于弹道的方向进行加速,这样其弹道将是直线弹道或者匀曲率圆弹道,而拦截弹需要经过一小段时间的机动,使接下来的弹道保持为直线弹道,这相当于在一小段时间内通过高曲率的机动抵消目标长时间的低曲率机动。这种微分几何制导律的缺点是在弹道开始阶段过载很大,而接下来一段时间内过载为零,并不能起到有效降低最大过载和在拦截过程中均匀分布过载的作用。O. Ariff 和 B. A. White 的研究更接近于纯粹的数学理论分析,与实际作战有着较大的区别。

在古典微分几何理论中,空间中任意一点的运动都可以用三个固连的正交矢量(切向,法向,副法向)来描述[118,132],即空间曲线的运动可以用 Frenet 坐标系(又被称为 Frenet 公式)来描述。Y. C. Chiou 和 C. Y. Kuo 最早将此理论应用到导弹制导领域[121-123],他们利用 Frenet 公式使导弹的速度矢量追踪一个定义的虚拟指向速度矢量,且假设当两矢量重合时视线转速为零,并以此理论为基础设计了一种微分几何制导曲率指令。另外,为保证制导曲率指令在理论上不产生奇异,还设计了制导挠率指令。同时,作者基于导弹的速率大于目标的速率的假设,给出了制导指令的捕获条件。

Y. C. Chiou 和 C. Y. Kuo 设计的微分几何制导律主要是通过对机动目标进行补偿,使视线转率随着弹目相对距离的减小而逐渐降至零,因此可以降低整个拦截过程中的可用过载,从而使整个拦截弹道相对平滑。虽然该制导律具备一定的优点,但也存在以下缺点:①需要已知目标的运动信息，主要是目标运动的曲率和挠率。②获取的制导指令是在弧长域中，无法直接在现实武器系统中进行应用。③制导曲率和挠率形式较为复杂，缺乏实际应用价值。不过应当指出，Chiou 和 Kuo 使用微分几何理论对制导律进行研究，为制导律的研究开辟了一条新的思路。

1.3.2 国内研究现状

海军航空工程学院的张友安和胡云安在几何制导方面进行了研究，文献[133]根据弹目相对运动学关系，综合考虑了导弹速度和目标速度的变化，将微分几何方法与 Lyapunov 稳定性理论结合起来，提出了一种新型三维制导律。为增强制导律的鲁棒性，文献[134]将与目标的曲率命令(加速度)和速度方位信息有关的项视为干扰量，把基于微分几何的导弹制导与基于 Lyapunov 稳定理论的鲁棒控制方法结合起来，提出一种新的鲁棒制导算法——鲁棒几何制导律，并将这种方法推广到导弹速度变化的情况。这种方法不需要得到目标精确的曲率指令和速度的方位信息，对机动目标拦截具有较强的鲁棒性，并且该制导律较好地解决了末端过载饱和的问题。

国内对微分几何制导律研究得较为深入的有哈尔滨工业大学的李超勇和荆武兴等人，其主要工作是将 Chiou 和 Kuo 提出的在弧长域内的微分几何制导律进行时域化转化。在文献[135-142]中，作者根据古典微分几何中的曲率理论将微分几何制导曲率指令从弧长域转换到时域下，给出了关于指令攻角跟踪的微分几何制导律，并推导了拦截高速目标时的捕获条件；仿真结果表明，微分几何制导律能够在拦截的开始阶段补偿目标机动，在命中点附近的需用过载较小，不易产生过载饱和，对机动目标的拦截能力优于比例导引。文献[137]中，作者将微分几何理论与模糊控制算法相结合，设计了拦截器的飞行控制系统，通过 Lyapunov 稳定性定理确定了制导参数范围，并在制导大回路中验证了设计制导律的有效性。文献[143-149]中，李超勇在微分几何制导律的时域化转化过程中，利用古典微分几何理论，研究了空间曲线的曲率和挠率与空间质点位置、速度、加速度、加加速度之间的转换关系，在此基础上得到了制导曲率和挠率的时域表达式；通过将制导曲率指令和挠率指令应用到导弹飞行控制系统中，得到了指令攻角和指令侧滑角，并基于角度反馈的思想，给出了微分几何制导指令的计算方法。文献[143]中，作者在弧长域坐标系中利用微分几何理论推导了当导弹速度小于目标速度时的制导曲率指令，并给出了时域中导弹拦截高速机动目标时的捕获条件和奇异条件。文献[144]中，作者利用微分几何理论设计了三维空间中的微分几何制导律，为使设计的制导律能够对指令攻角和指令侧滑角进行有效跟踪，还设计了基于模糊 PID 控制器的单通道飞行控制系统，并分析比较了该控制器与传统 PID 控制器的优劣。结合实际飞行器的控制系统，设计了基于自适应退步控制算法的三轴飞行控制系统[150]，通过将约束指令滤波算法引入退步控制系统中来补偿传统自适应退步算法，解决计算膨胀、对未知项求导以及输入饱和等问题，从而实现参数估计的快速收敛以及系统对指令信号的稳定跟踪[151]。

国防科技大学黎克博、陈磊和白显宗等人也对微分几何制导律进行了深入研究。文献[119,152-154]中，作者基于古典微分几何理论，对拦截弹的制导进行了建模研究。通过建立视线旋转坐标系，提出了视线曲率与挠率的概念。通过研究发现，在视线旋转坐标系内存在视线瞬时旋转平面，可以在该平面内构造具有三维拦截能力的二维制导律，空间真比例导引律(TPN)可以不加近似地直接引入视线瞬时旋转平面，成为降维 TPN。通过采用在视线瞬时旋转平面内对目标机动加速度补偿的方法，得到了新的修正比例导引律（APN）和视线角加速度制导律（AAG）。同时，作者设计了视线瞬时旋转平面内制导律的微分几何制导指令，并对该制导律的初始捕获条件进行了研究。研究表明，Y. C. Chiou 和 C. Y. Kuo 所提出的微分几何制导律仅仅是作者设计制导律的一种特例。最后，以拦截大气层外高速机动目标为算例进行仿真分析，对设计的微分几何制导模型的有效性进行验证。

现有的微分几何制导指令大都是基于弧长域设计的，即其中所有变量的微分都是相对于导弹运动轨迹弧长的微分，制导指令从弧长域向时域的转化仅仅停留在特定的导弹模型中，同时，这些指令中都包含目标加速度项，而现有技术不能保证能实时准确地获取目标信息，因此，这些指令在实际应用中具有一定的局限性。

1.4 制导律捕获能力方法研究现状

1.4.1 传统制导律捕获条件研究现状

制导律捕获条件的研究是制导技术研究的重点和难点。目前对制导律捕获条件的研究主要是以比例导引及其各种变形的居多，主要原因是比例导引形式较为简单，易于推导。早在19世纪70年代，国外就开始对比例导引律进行了系统的分析与研究。早期的研究者如M. Guelman，较早地得到了纯比例导引、真比例导引在二维平面内的完整解析解[161]，并定性地分析了它们各自的性能；之后 Yuan 和 Yang 等人又对理想比例导引（IPN）和广义比例导引（GTPN）和偏差比例导引（BPN）等诸多比例导引进行了研究[155-159]。C. D. Yang 和 C. C. Yang在文献[157-159]中提出了一种针对三维比例导引律的简单求解方法，在不对方程线性化的情况下，求出了三维空间内 TPN，RTPN 和 GTPN 的解析解，并对三种导引律的性能进行了系统的分析，得出了各自的捕获区域。

文献[160]针对现实中拦截非机动目标的真比例导引律进行捕获条件研究，根据弹目相对运动学关系，建立了弹目拦截的非线性关系式，给出了导弹拦截目标的捕获方程，通过限制导弹的最大可用过载，研究了零脱靶量时的捕获条件，同时作者就常值比例导引和变系数比例导引与 Guelman 得出的 TPN 制导律捕获条件进行对比[161]。结果表明，考虑到现实中导弹制导律受到各种约束条件，如有限视线角速率、最大可用过载等限制，RTPN 的捕获区域小于理想情况时得出的捕获区域。作者 C. D. Yang 和 C. C. Yang 在文献[156]中用一种统一的方法描述了六种典型的比例导引律，得到了它们的解析解，并通过引入一个角动量参数，将捕获区域的问题转化为“捕获长度”的问题。该方法比较简单，但其仅局限在二维平面内。考虑到以上制导律捕获条件的研究主要是在二维平面内，同时推导过程主要是在极坐标系和球坐标系中进行的，因此推导过程中含有较多三角函数项，推导过程较为烦琐。文献[162]基于Lyapunov-like 方法，在视线坐标系中对三维空间中的机动目标进行 PPN 制导律捕获条件的研究，但根据 Lyapunov-like 得出的捕获条件相对保守，并且给出的只是充分条件。文献[163]基于一种修正的非正交极坐标系（Modified Polar Coordinate，MPC）对三维空间中的机动目标展开 TPN 制导律的捕获条件研究，作者通过三个修正极坐标变量（Modified Polar Variables，MPVs）对弹目拦截的几何关系进行描述，建立 MPC 下的状态方程，推导了导弹在可用过载不受限和受限两种情况下的 TPN 捕获条件，并且给出了导弹过载不受限时捕获条件的解析式，最后利用相平面对制导律的捕获条件进行了平面绘制，思路较为新颖。

以上对制导律捕获条件的研究主要是在极坐标系和球坐标系中进行，一般通过引入一系列定义，得出相应的捕获条件。

1.4.2 基于几何理论的捕获条件研究现状

随着微分几何理论的发展，Frenet 坐标架被引入制导领域，越来越多的学者利用微分几何理论对弹目拦截关系进行描述，以此简化弹目拦截方程，研究基于微分几何理论的制导律。文献[164]中，作者利用几何的方法将 PN 制导律由二维空间扩展到三维空间中。S. Bezick等人利用反馈线性化技术设计了一种非线性几何制导指令[165]。文献[166]通过引入 Frenet 笔标架，简化了弹目拦截的几何关系，研究了 PPN 拦截高速机动目标时的捕获能力，并通过几何图形表示了 PPN 捕获的充分条件和必要条件，该捕获条件相对于文献[162]采用 Lyapunov-like 方法的得到的捕获条件更具有普遍性。

文献[121－123]中，作者基于 Frenet 坐标系和虚拟导弹速度的思想设计了二维平面拦截中的微分几何制导曲率指令，相对于比例导引[1,6-7]，微分几何制导律(DGG)克服了比例导引末端视线角速率发散的问题，末端过载变化平稳，降低了对执行机构的要求，但 DGG 捕获条件的研究是一个难点；C. Y. Kuo 基于微分几何理论在弧长域坐标系给出了一系列假设条件下导弹捕获目标的初始条件，根据初始视线角速率的正负和导弹速度与目标速度初始方向的不同，将弹目交战分为六种不同情况分别进行讨论[121]，并获取了相应初始条件下导弹拦截目标的捕获条件。文献[143]对文献[121]中的捕获条件进行了改进，在弧长域坐标系中利用微分几何理论推导了当导弹速度小于目标速度时的制导曲率指令，并给出了时域中导弹拦截高速机动目标时的捕获条件和奇异条件。文献[130－131]中，英国克兰菲尔大学的 White 基于经典微分几何的曲率理论，推导出一种可直接碰撞的制导算法，并给出了一种针对非机动目标的普适的捕获条件，但是没有对机动目标做进一步研究。文献[121－123,145－147]基于 Frenet 坐标系研究了导弹速度矢量的旋转速度与弹目视线旋转角速度的关系，并以此获取了制导律的捕获条件，但是微分几何理论推导过程较为复杂，并需要将弧长域中得出的制导条件转换到时域中，不便于在现实拦截场景中应用。国内的张友安、胡云安利用几何理论对三维制导问题进行推导分析，得出一种鲁棒的几何制导算法，设计的制导律具有较强的鲁棒性，解决了末端过载饱和问题，并给出了几何制导律的捕获条件。文献[167]通过建立相对速度空间坐标系，在相对速度空间坐标系中将弹目运动轨迹区域分割成三个区域分别推导，给出了时域中导弹捕获目标的初始条件，其推导过程简单，但是该方法没有考虑到目标机动，针对机动目标的捕获条件分析有待进一步研究。文献[168]结合二阶滑模控制理论设计了新型微分几何制导算法，针对制导指令存在的奇异特性，对制导指令的捕获条件进行了分析。

基于微分几何理论对制导律进行研究可以大大地简化弹目拦截方程，推导过程简单，因此，微分几何理论已成为捕获条件研究的有力工具，但由于推导过程大都在弧长域中进行，为使获得的捕获条件应用于实际工程，需要将捕获条件由弧长域向时域进行转化。所以，本书将重点对微分几何制导律的捕获条件及其从弧长域向时域的转化等问题展开深入研究。

1.5　本书主要内容及章节安排

本书以地空导弹的运动学和动力学模型为研究对象，以微分几何理论为基本分析工具，结合非线性理论和滑模变结构控制理论、有限时间稳定性理论和微分包含等理论，设计了三种微分几何制导律。考虑到所设计的制导律中含有目标机动信息，本书还建立了目标的九状态重力转弯模型，用于估计微分几何制导律中的制导参数。

本书的主要研究内容如下：

第1章绪论。介绍了本书的研究背景、目的和意义，总结了飞行器制导律的研究历史和现状，对目前国内外基于微分几何理论的制导方法和捕获条件研究等进行了概括和总结。

第2章基于零化视线角速率的微分几何制导律。首先，基于零化视线角速率的思想，分析弹目拦截构成的三角形几何关系，设计了二维平面的微分几何制导律，并结合Lyapunov稳定性定理对制导律的稳定性进行推导证明。其次，将二维微分几何制导律扩展到三维空间，并对其捕获能力进行了研究。为使设计的制导指令能够应用于实际工程，还给出了制导指令由弧长域向时域转化的计算方法。最后，通过仿真对所设计制导律的制导性能进行了验证。

第3章时域内微分几何制导律。首先，分析弹目交战的几何关系，建立了弹目相对运动学模型，在时域中推导了微分几何制导指令。其次，为简化分析，建立了相对速度坐标系，基于该坐标系，对机动目标和非机动目标分别进行了研究，把弹目相对运动轨迹分割成三个不同的区域，将导弹拦截目标的初始条件转化为制导增益系数的边界值，根据分割的不同区域分别给出导弹捕获目标的充分条件，同时，将Y. C. Chiou和C. Y. Kuo描述的不同情况下的交战图映射到相对速度坐标系中，对比两者的增益系数，分析增益系数的大小对制导性能的影响。

第4章基于滑模控制理论的微分几何制导律。首先，根据Lyapunov稳定性定理，设计了一种有限时间内收敛的控制算法，针对所建立的拦截微分几何模型，设计了有限时间收敛的非线性微分几何制导律。其次，设计了一种二阶滑模控制器，结合微分包含和齐次性理论证明了该控制器的有限时间收敛性，以此为基础设计了基于二阶滑模控制的微分几何制导律，并对两种制导律的捕获条件进行分析。仿真结果表明，设计的两种制导律均可拦截大机动目标，对外界扰动具有较强的鲁棒性。最后，通过仿真比较了目标机动和外界噪声干扰对本书所设计的每种制导律的影响。

第5章微分几何制导律制导参数估计方法。为了有效地估计目标运动状态，首先，建立了速度-转向-爬升（Velocity-Turn-Climb，VTC）坐标系，提出了一种九状态重力转弯模型。其次，根据机动目标加速度的“当前”统计模型概念，用修正的瑞利-马尔可夫过程建立目标加速度在VTC坐标系中三轴幅值的统计模型，结合预解矩阵法，给出了可用于估计的离散化的目标状态模型。最后，根据雷达导引头可测信息给出了观测方程，利用UKF滤波算法对制导参数进行估计，为微分几何制导律的工程实现创造了条件。

第6章地空导弹六自由度全弹道仿真分析。介绍了仿真软件“地空导弹制导控制系统仿真平台”(MGCSS)的编译环境、仿真流程及主要特点，在MGCSS环境下对所设计的微分几何制导律进行了六自由度全弹道仿真，并对仿真结果进行了对比分析。

第 2 章　基于零化视线角速率的微分几何制导律

针对比例导引带来的末端视线角速率发散问题,在平面和三维空间中提出了微分几何制导律的设计方法。首先,分析平面内弹目交战构成的三角形几何关系,基于零化视线角速率的思想,设计二维平面的微分几何制导律,并结合 Lyapunov 稳定定理对制导律稳定性进行了推导证明。其次,设计了三维空间中导弹的曲率制导指令和挠率制导指令,为克服拦截过程中制导指令出现奇异现象,对其捕获条件进行了研究。考虑到微分几何制导指令是在弧长域中得到的,还给出了制导指令由弧长域向时域转化的计算方法。最后,通过仿真验证所设计制导律的有效性。

2.1 引　言

在导弹拦截目标的过程中,导弹和目标在空间的运动轨迹属于空间曲线,随着导弹与目标的接近,两者在空间对应轨迹的瞬时点的从切平面和密切平面不断地变化,因此,导弹和目标在空间运动的轨迹由各自的曲率和挠率共同作用决定。而微分几何理论是研究空间曲线运动的数学理论,因此,将微分几何理论引入制导领域,为制导律的设计提供了一条崭新的思路[143-144]。

随着微分几何理论的发展,基于微分几何理论的制导律研究成为制导领域研究的热点。Y. C. Chiou 和 C. Y. Kuo 根据拦截器和目标的飞行特性设计了弧长域中的微分几何制导律,他们将拦截器和目标在空间的飞行轨迹简化为两条线速度为常数的空间曲线,通过研究飞行器在空间运动轨迹的曲率和挠率,求取拦截器攻击目标的制导曲率指令和挠率指令,但该制导律是在弧长域中得到的,需要转化到时域中才可应用[121-123]。O. Ariff 等人提出了一种基于目标弹道渐开线的新型微分几何制导律[120],虽然具有不直接控制拦截器弹道曲率的优点,但是该制导律只对非机动目标拦截有效。李超勇通过研究曲率和挠率与空间质点位置、速度、加速度、加加速度之间的关系[143],得出曲率指令和挠率指令的时域表达式,并给出了该制导律的捕获条件,但是该制导律是基于角度的反馈,在实际工程应用中受到一定的限制。

本章结合微分几何理论知识,基于零化视线角速率的思想设计了平面内微分几何制导律,解决了比例导引末端过载饱和问题,并对制导律的稳定性进行了推导证明。以此为基础,结合虚拟指向速度的概念,推导了三维空间中的微分几何制导律,并对制导律的捕获条件进行了研究。为方便制导律的实际工程应用,给出了微分几何制导律从弧长域向时域转化的计算方法。

2.2 微分几何理论预备知识

微分几何理论是研究空间曲线的数学理论[31,144],这里的空间曲线是指和空间曲线固连的正交坐标系,其一般的表达式为

$$\boldsymbol{r}=\boldsymbol{r}(s) \tag{2.1}$$

式中，$\boldsymbol{r}$ 表示位置向量；$\boldsymbol{s}$ 为自然参数。

在传统的拦截制导与控制问题中，拦截器和目标运动轨迹的独立参数是时间变量 t，而在微分几何理论中，独立参数采用空间曲线的弧长 s。s 和 t 的关系可以表示为

$$\frac{\mathrm{d}s}{\mathrm{d}t}=v \tag{2.2}$$

式中，$\boldsymbol{v}$ 是空间曲线上动点的运动速度，如果速度 v 为常值，那么通过式(2.2) 即可得到空间曲线关于弧长的表达式。

为了研究曲线的弯曲情况，必须研究曲线的曲率。对于不同的曲线，其弯曲程度可能不同。例如，经过同一点的圆，半径较大的圆弯曲程度较小，而半径较小的圆弯曲程度较大。另外，虽然是同一条曲线，但是在不同点的弯曲程度同样可能不同。如抛物线 $y=x^2$，在原点处的弯曲程度最大，随着 $|x|$ 的增大，曲线的弯曲程度越来越小。从形态上看，曲线的弯曲程度较小时，其单位切线矢量变化较小；而曲线的弯曲程度较大时，其单位切线矢量方向改变的较快，因此可以用曲线的单位切线矢量对弧长的旋转速度来描述曲线的弯曲程度。设空间 C^3 类曲线上一点 P，其自然参数为 s，另一邻近点 P_1，其自然参数为 $s+\Delta s$。在 P 和 P_1 各作曲线的单位切向量 $\boldsymbol{t}(s)$ 和 $\boldsymbol{t}(s+\Delta s)$，两个切向量的夹角为 $\Delta\varphi$(见图 2.1)，即把 P_1 切向量平移到 P 点后，两个向量 $\boldsymbol{t}(s)$ 和 $\boldsymbol{t}(s+\Delta s)$ 的夹角为 $\Delta\varphi$。利用此空间曲线在点 P 处的切向量对弧长的旋转速度来定义曲线在 P 点的曲率。

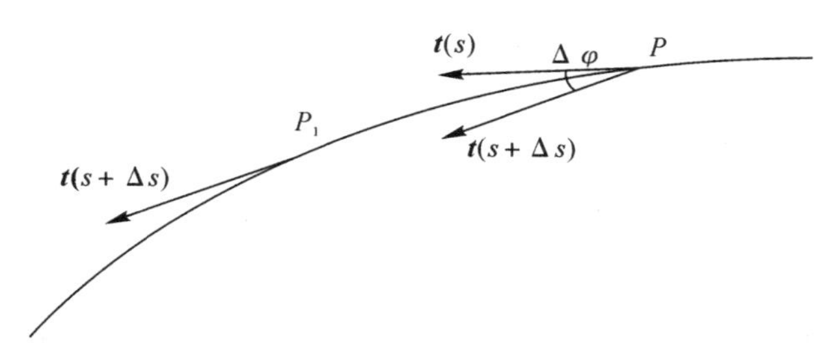

图 2.1　空间曲率的几何描述

定义　空间曲线在 P 点的曲率为

$$k(s)=\lim_{\Delta s\to 0}\left|\frac{\Delta\varphi}{\Delta s}\right| \tag{2.3}$$

式中，Δs 为 P 点及其邻近点 P_1 间的弧长；$\Delta\varphi$ 为曲线在点 P 和 P_1 的切向量夹角。

对于空间曲线，曲线不仅弯曲而且还要扭转(离开密切平面)，所以研究空间曲线只有曲率的概念是不够的，还要表征曲线扭转程度的量 —— 挠率。当曲线扭转时，副法向量(或密切平面) 的位置随着改变(见图 2.2)，因此，考虑用副法向量的扭转程度来刻画曲线的扭转程度。

现在假设曲线上一点 P 的自然参数为 s，另一邻近点 P_1 的自然参数为 $s+\Delta s$，在 P 和 P_1 点各作曲线的副法向量 $\boldsymbol{b}(s)$ 和 $\boldsymbol{b}(s+\Delta s)$，这两个副法向量的夹角是 $\Delta\varphi$。因此有

$$|\boldsymbol{b}'|=\lim_{\Delta s\to 0}\left|\frac{\Delta\varphi}{\Delta s}\right| \tag{2.4}$$

根据单位副法向量 $\boldsymbol{b}=\boldsymbol{t}\times\boldsymbol{n}$，两边对 s 求导可得

$$\boldsymbol{b}'=\boldsymbol{t}'\times\boldsymbol{n}+\boldsymbol{t}\times\boldsymbol{n}'=k(s)\boldsymbol{n}\times\boldsymbol{n}+\boldsymbol{t}\times\boldsymbol{n}'=\boldsymbol{t}\times\boldsymbol{n}' \tag{2.5}$$

式中,( )′ 表示对弧长 s 的导数。

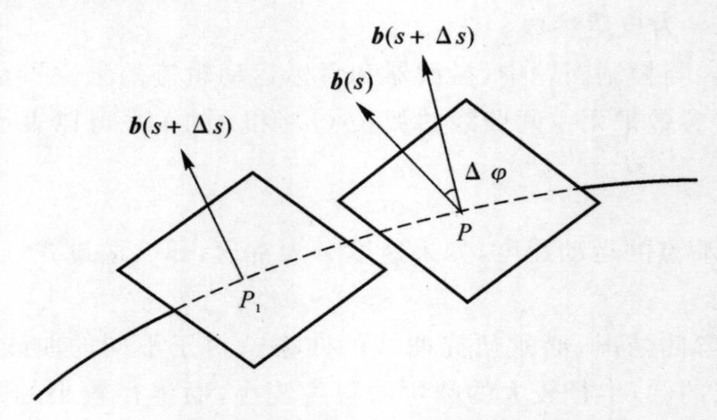

图 2.2　空间挠率的几何描述

根据式(2.5) 可知,$\boldsymbol{b}' \perp \boldsymbol{t}$,又由 $\boldsymbol{b}$ 是单位向量知 $\boldsymbol{b}' \perp \boldsymbol{b}$,因此 $\boldsymbol{b}' /\!/ \boldsymbol{b}\times\boldsymbol{t}$。以下给出挠率的定义:

定义 2.1　曲线在 P 点的挠率为

$$\left.\begin{aligned}\tau(s)&=+|\boldsymbol{b}'| \quad \text{当 } \boldsymbol{b}' \text{ 与 } \boldsymbol{n} \text{ 异向}\\ \tau(s)&=-|\boldsymbol{b}'| \quad \text{当 } \boldsymbol{b}' \text{ 与 } \boldsymbol{n} \text{ 同向}\end{aligned}\right\} \tag{2.6}$$

挠率的绝对值是曲线的副法向量(或密切平面)对于弧长的旋转速度。由挠率的定义知 $\boldsymbol{b}'=-\tau(s)\boldsymbol{n}$,因此有

$$\tau=-\boldsymbol{b}'\boldsymbol{n}=-(\boldsymbol{t}\times\boldsymbol{n})'\boldsymbol{n}=-(\boldsymbol{t}'\times\boldsymbol{n}+\boldsymbol{t}\times\boldsymbol{n}')\boldsymbol{n}=-(\boldsymbol{t},\boldsymbol{n},\boldsymbol{n}') \tag{2.7}$$

又因为

$$\left.\begin{aligned}\boldsymbol{t}&=\boldsymbol{r}'\\ \boldsymbol{n}&=\frac{\boldsymbol{r}''}{|\boldsymbol{r}''|}\\ \boldsymbol{n}'&=\frac{\boldsymbol{r}'''}{|\boldsymbol{r}''|}+\left(\frac{1}{\boldsymbol{r}''}\right)\cdot\boldsymbol{r}''\end{aligned}\right\} \tag{2.8}$$

所以有

$$\tau=\frac{(\boldsymbol{r}',\boldsymbol{r}'',\boldsymbol{r}''')}{|\boldsymbol{r}''|^2} \tag{2.9}$$

曲线在一点的单位切线矢量 $\boldsymbol{t}$,单位法线矢量 $\boldsymbol{n}$,单位副法线矢量 b 构成了一个空间直角坐标系。因为

$$\boldsymbol{n}=\frac{\boldsymbol{r}''}{|\boldsymbol{r}''|}=\frac{\boldsymbol{t}'}{k} \tag{2.10}$$

由挠率的定义可知

$$\boldsymbol{b}'=-\tau\boldsymbol{n}$$

$$\boldsymbol{n}'=(\boldsymbol{b}\times\boldsymbol{t})'=\boldsymbol{b}'\times\boldsymbol{t}+\boldsymbol{b}\times\boldsymbol{t}'=-\tau\boldsymbol{n}\times\boldsymbol{t}+\boldsymbol{b}\times k\boldsymbol{n}=-k\boldsymbol{t}+\tau\boldsymbol{b} \tag{2.11}$$

得到了空间曲线的 Frenet 公式,即

$$\left.\begin{aligned}\boldsymbol{t}'&=k\boldsymbol{n}\\ \boldsymbol{n}'&=-k\boldsymbol{t}+\tau\boldsymbol{b}\\ \boldsymbol{b}'&=-\tau\boldsymbol{n}\end{aligned}\right\} \tag{2.12}$$

这组公式是空间曲线的基本公式，它的特点是基本向量 $\boldsymbol{t},\boldsymbol{n},\boldsymbol{b}$ 关于弧长 s 的微商可以用 $\boldsymbol{t},\boldsymbol{n},\boldsymbol{b}$ 的线性组合来表示。它的系数组成了反对称阵

$$\begin{bmatrix} 0 & k & 0 \\ -k & 0 & \tau \\ 0 & -\tau & 0 \end{bmatrix} \tag{2.13}$$

以上微分几何的知识将是本书基于微分几何理论进行制导律设计的基础。

2.3　平面内弹目拦截几何制导律

2.3.1　弹目相对运动学关系分析

二维平面内弹目拦截的场景如图 2.3 所示，其中，M 点代表导弹，T 表示目标，$\boldsymbol{t}_t,\boldsymbol{n}_t$ 分别表示目标运动的单位切向量和单位法向量，θ_t 表示目标切向量与 OX 轴的夹角，θ_{ts} 表示目标切向量与弹目视线的夹角，$\boldsymbol{t}_m,\boldsymbol{n}_m$ 表示导弹的单位切向量和法向量，θ_m 表示导弹切向量与水平 OX 轴的夹角，θ_{ms} 表示导弹切向量与弹目视线的夹角，$\boldsymbol{t}_s,\boldsymbol{n}_s$ 表示弹目视线的单位切向量和单位法向量，s_t 和 s_m 分别为目标和导弹运动的弧长量，将导弹运动的单位曲线弧长 s 作为自然参数。

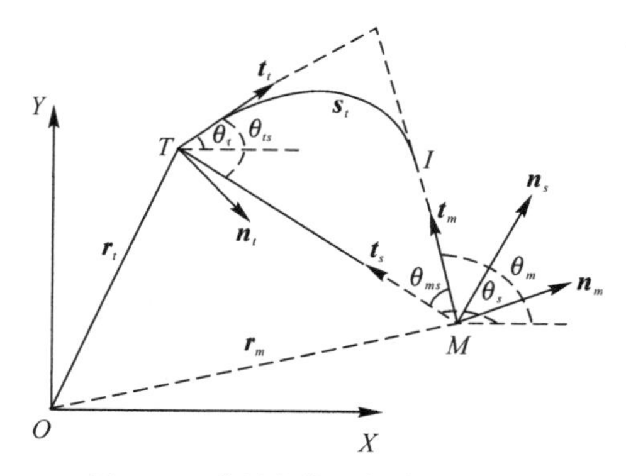

图 2.3　弹目交战几何关系示意图

导弹在运动的过程中，$\boldsymbol{t}_m,\boldsymbol{n}_m$ 构成导弹运动的 Frenet 标架，假设导弹和目标的速度为定值，导弹运动的曲线弧长 s_m 与目标运动的曲线弧长 s_t 成比例关系，即

$$s_t = m s_m \tag{2.14}$$

$$m = v_t / v_m \tag{2.15}$$

其中，m 是目标和导弹速度的比值。

根据导弹和目标在平面的几何关系图 2.3 可知

$$\boldsymbol{r}_m = \boldsymbol{r}_t - \boldsymbol{r} \tag{2.16}$$

其中，$\boldsymbol{r}_m,\boldsymbol{r}_t$ 对时间 t 的导数和对运动弧长 s_m 微分的关系可以表示为

$$\boldsymbol{r}'_m = \frac{\mathrm{d}\boldsymbol{r}_m}{\mathrm{d}s_m} = \frac{\mathrm{d}\boldsymbol{r}_m}{\mathrm{d}t}\frac{\mathrm{d}t}{\mathrm{d}s_m} = \dot{\boldsymbol{r}}_m \frac{1}{v_m} = \frac{\dot{\boldsymbol{r}}_m}{v_m} \tag{2.17}$$

$$\boldsymbol{r}'_t = \frac{\mathrm{d}\boldsymbol{r}_t}{\mathrm{d}s_m} = \frac{\mathrm{d}\boldsymbol{r}_t}{\mathrm{d}s_t}\frac{\mathrm{d}s_t}{\mathrm{d}s_m} = \frac{\mathrm{d}\boldsymbol{r}_t}{\mathrm{d}t}\frac{\mathrm{d}t}{\mathrm{d}s_t}\frac{\mathrm{d}s_t}{\mathrm{d}s_m} = \frac{\dot{\boldsymbol{r}}_t}{v_t}\frac{v_t}{v_m} = \frac{m\dot{\boldsymbol{r}}_t}{v_t} \tag{2.18}$$

结合导弹和目标运动轨迹可知,导弹和目标运动的速度可以表示为

$$\left.\begin{aligned} v_m &= \frac{\mathrm{d}s_m}{\mathrm{d}t} \\ v_t &= \frac{\mathrm{d}s_t}{\mathrm{d}t} \end{aligned}\right\} \tag{2.19}$$

根据 Frenet 标架,式(2.16) 两边对导弹运动弧长 s_m 微分可得

$$v_m \boldsymbol{t}_m = v_t \boldsymbol{t}_t - v_m \boldsymbol{r}' \boldsymbol{e}_r - r v_m \theta' \boldsymbol{e}_\theta \tag{2.20}$$

$$\boldsymbol{t}_m = m \boldsymbol{t}_t - r' \boldsymbol{e}_r - r\theta' \boldsymbol{e}_\theta \tag{2.21}$$

弹目相对速度沿 $\boldsymbol{e}_r$ 方向和垂直于 $\boldsymbol{e}_r$ 方向的分量可以表示为

$$r' = m\cos\theta_t - \cos\theta_m \tag{2.22}$$

$$r\theta' = m\sin\theta_t - \sin\theta_m \tag{2.23}$$

将式(2.21) 两边取对弧长 s_m 的微分,可得

$$k_m \boldsymbol{n}_m = m^2 k_t \boldsymbol{n}_t - (r'' - r\theta'^2)\boldsymbol{e}_r - (r\theta'' + 2r'\theta')\boldsymbol{e}_\theta \tag{2.24}$$

将式(2.24) 沿视线 $\boldsymbol{e}_r$ 方向和垂直于视线 $\boldsymbol{e}_r$ 方向分解可得

$$r'' - r\theta'^2 = m^2 k_t (\boldsymbol{n}_t \cdot \boldsymbol{e}_r) - k_m (\boldsymbol{n}_m \cdot \boldsymbol{e}_r) \tag{2.25}$$

$$r\theta'' + 2r'\theta' = m^2 k_t (\boldsymbol{n}_t \cdot \boldsymbol{e}_\theta) - k_m (\boldsymbol{n}_m \cdot \boldsymbol{e}_\theta) \tag{2.26}$$

其中,k_m,k_t 分别表示导弹和目标的弹道曲率。

同理,在时域中,式(2.25) 和式(2.26) 可表示为

$$\ddot{r} - r\dot{\theta}^2 = v_t^2 k_t (\boldsymbol{n}_t \cdot \boldsymbol{e}_r) - v_m^2 k_m (\boldsymbol{n}_m \cdot \boldsymbol{e}_r) \tag{2.27}$$

$$r\ddot{\theta} + 2\dot{r}\dot{\theta} = v_t^2 k_t (\boldsymbol{n}_t \cdot \boldsymbol{e}_\theta) - v_m^2 k_m (\boldsymbol{n}_m \cdot \boldsymbol{e}_\theta) \tag{2.28}$$

式(2.22) 和式(2.23) 为弹目相对运动的运动学方程,式(2.25) 和式(2.26) 为弹目相对运动的动力学模型。

在实际的拦截过程中,导弹通过执行机构产生过载,使导弹沿着一定的曲率飞行。对于飞行速度大小为常速的飞行器,过载使其沿着圆弧形轨道飞行,其过载大小可以表示为

$$\frac{\mathrm{d}(v_m \boldsymbol{t}_m)}{\mathrm{d}t} = \frac{\mathrm{d}v_m}{\mathrm{d}t}\boldsymbol{t}_m + v_m \frac{\mathrm{d}\boldsymbol{t}_m}{\mathrm{d}t} = v_m \dot{\boldsymbol{t}}_m = v_m^2 k_m \boldsymbol{n}_m = a_m \boldsymbol{n}_m \tag{2.29}$$

其中,a_m 表示拦截器的加速度。

$$a_m = v_m^2 k_m = v_m \dot{\theta}_m \tag{2.30}$$

因此,式(2.27) 和式(2.28) 可以表示为

$$\ddot{r} - r\dot{\theta}^2 = a_t (\boldsymbol{n}_t \cdot \boldsymbol{e}_r) - a_m (\boldsymbol{n}_m \cdot \boldsymbol{e}_r) \tag{2.31}$$

$$r\ddot{\theta} + 2\dot{r}\dot{\theta} = a_t (\boldsymbol{n}_t \cdot \boldsymbol{e}_\theta) - a_m (\boldsymbol{n}_m \cdot \boldsymbol{e}_\theta) \tag{2.32}$$

其中,a_t,a_m 分别表示目标和导弹的加速度大小。

式(2.31) 和式(2.32) 表明了导弹和目标的加速度在弹目视线方向和垂直于视线方向与视线距离、视线角变化之间的关系。

2.3.2 非机动目标拦截的微分几何分析简介

当目标以常值速度运动时,目标速度、导弹速度以及弹目连线构成拦截三角,若导弹和目标沿着各自的方向零曲率变化飞行(见图 2.4),那么可以满足拦截要求,并且拦截三角形形状保持不变。图 2.4 中符号同图 2.3。

根据拦截几何关系可知

$$s_m \boldsymbol{t}_m = r\boldsymbol{t}_s + s_t \boldsymbol{t}_t \tag{2.33}$$

根据图 2.4,结合式(2.14)(2.15) 可知

$$\frac{1}{m} s_t \boldsymbol{t}_m = r\boldsymbol{t}_s + s_t \boldsymbol{t}_t \tag{2.34}$$

$$\boldsymbol{t}_m = m\left[\frac{r}{s_t}\boldsymbol{t}_s + \boldsymbol{t}_t\right] \tag{2.35}$$

式(2.35) 可以看做是矢量和的形式,其关系可表示为图 2.5,根据拦截三角形形状不变的特点,式(2.35) 中变量 r/s_t 是一定值,随着弹目相对距离 r 的减小,s_t 也在减小。

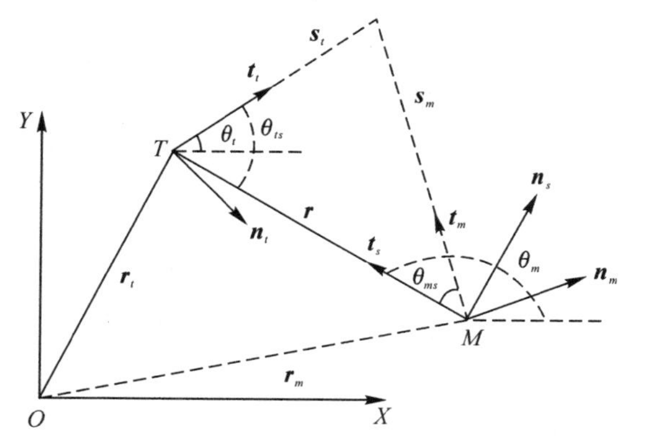

图 2.4　弹目交战几何关系图

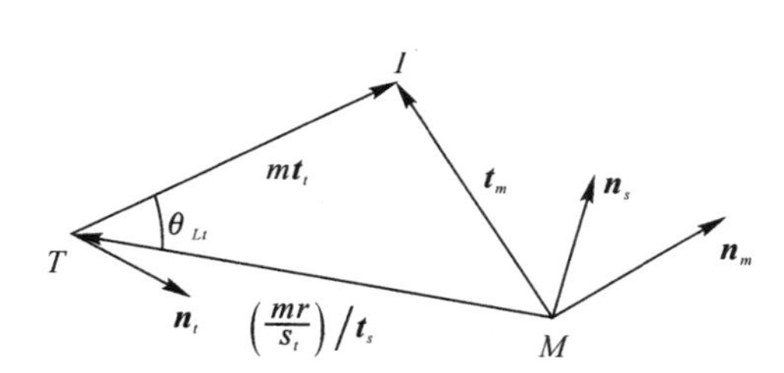

图 2.5　弹目拦截三角几何关系

图 2.5 中,M,T,I 构成拦截三角形,因此,r/s_t 可以运用余弦定理求取

$$m^2 + m^2\left(\frac{r}{s_t}\right)^2 - 2m^2\frac{r}{s_t}\cos(\theta_{ti}) = 1 \tag{2.36}$$

$$\left(\frac{r}{s_t}\right)^2 - 2\cos(\theta_{ti})\left(\frac{r}{s_t}\right) - \left(\frac{1}{m^2} - 1\right) = 0 \tag{2.37}$$

通过对式(2.37) 求解可得

$$\frac{r}{s_t} = \cos(\theta_{ti}) \pm \sqrt{\cos^2(\theta_{ti}) + m^2 - 1} \tag{2.38}$$

假设 $V_m > V_t$ 可知 $m < 1$,又有 $r > 0$,$s_t > 0$,因此,式(2.38) 的形式可表示为

$$\frac{r}{s_t} = \cos(\theta_{ti}) + \sqrt{\cos^2(\theta_{ti}) + \left(\frac{1}{m}\right)^2 - 1} = \cos(\theta_{ti}) + \sqrt{\left(\frac{1}{m}\right)^2 - \sin^2(\theta_{ti})} \tag{2.39}$$

式(2.39) 的向量形式为

$$\frac{r}{s_t} = -t'_t\boldsymbol{t}_s + \sqrt{\gamma^2 - \boldsymbol{n}'_t\boldsymbol{t}_s} \tag{2.40}$$

将式(2.40) 代入式(2.35) 可以求得导弹切向量 $\hat{\boldsymbol{t}}_m$ 的表达式

$$\hat{\boldsymbol{t}}_m = m\left[\frac{r}{s_t}\boldsymbol{t}_s + \boldsymbol{t}_t\right] \tag{2.41}$$

式(2.41) 即为导弹速度方向的表达式。由于 $\boldsymbol{t}_m$ 的长度为 1,因此,$\boldsymbol{t}_m$ 可以看做 $\boldsymbol{t}_s$ 和 $\boldsymbol{t}_t$ 系数权重的组合。当导弹的速度方向沿着式(2.41) 飞行时,可以保证拦截器的曲率趋向于零值,同时保证视线角速率的值趋近于零。

2.3.3　机动目标拦截的微分几何分析

根据图 2.6 中几何关系可知

$$s_m\boldsymbol{t}_m = r\boldsymbol{t}_s + L_t\boldsymbol{t}_{Lt} \tag{2.42}$$

其中，弧长向量对应的弦向量 $\boldsymbol{t}_{Lt}$ 可由基向量 $\boldsymbol{t}_t$ 旋转 $\theta_{ta}/2$ 得到，即

$$\boldsymbol{t}_{Lt} = \boldsymbol{R}(\theta_{ta}/2)\boldsymbol{t}_t \tag{2.43}$$

式(2.43) 中 $\boldsymbol{R}$ 为旋转矩阵，其具体表达式如式(2.44)

$$\boldsymbol{R}(\theta_{ta}/2) = \begin{bmatrix} \cos(\theta_{ta}/2) & -\sin(\theta_{ta}/2) \\ \sin(\theta_{ta}/2) & \cos(\theta_{ta}/2) \end{bmatrix} \tag{2.44}$$

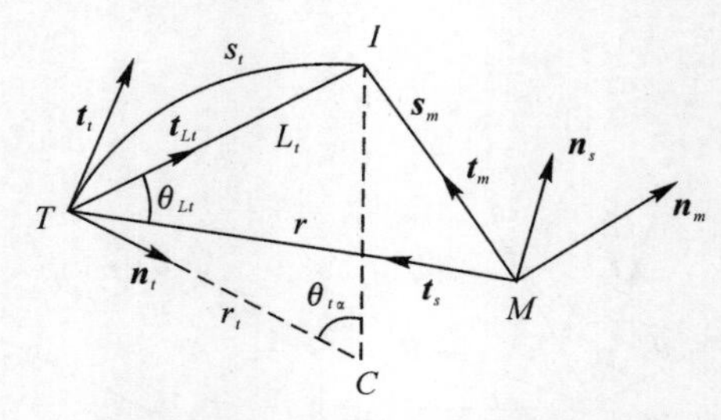

图 2.6　弹目拦截几何关系图

目标运动曲线弧长可以表示为

$$s_t = \theta_{ta}r_t = \theta_{ta}/k_t \tag{2.45}$$

$$k_t = 1/r_t \tag{2.46}$$

其中，r_t，θ_{ta} 分别表示弧长 s_t 对应的曲率半径和目标单位切向量旋转角。

弦长 L_t 可以表示为

$$L_t = 2r_t\sin(\theta_{ta}/2) = s_t\frac{\sin(\theta_{ta}/2)}{\theta_{ta}/2} = \alpha s_t \tag{2.47}$$

其中，$\alpha = \dfrac{\sin(\theta_{ta}/2)}{\theta_{ta}/2}$。

当目标曲率趋近于零时满足

$$\left.\begin{matrix} k_t \to 0 \\ \theta_{ta} \to 0 \end{matrix}\right\} \tag{2.48}$$

根据式(2.47) 可知，弦长向量 $\boldsymbol{t}_{Lt}$ 对应的弦长 L_t 是角度 θ_{ta} 的函数。当导弹 M 和目标 T 接近拦截点 I 的过程中，θ_{ta} 接近于零，当目标的曲率接近零时可知

$$\left.\begin{matrix} \boldsymbol{t}_{Lt} \to \boldsymbol{t}_t \\ L_t \to s_t \end{matrix}\right\} \tag{2.49}$$

根据图 2.6 中几何关系可得

$$\boldsymbol{t}_m = \frac{mr}{s_t}\boldsymbol{t}_s + m\alpha\boldsymbol{t}_{Lt} \tag{2.50}$$

在三角形 TIM 中，应用三角形余弦定理可知

$$\alpha^2m^2 + m^2\left(\frac{r}{s_t}\right)^2 - 2\alpha m^2\frac{r}{s_t}\cos(\theta_{Lt}) = 1 \tag{2.51}$$

将式(2.51) 变形可以表示为

$$\left(\frac{r}{s_t}\right)^2 - 2\alpha\cos(\theta_{ti} - \theta_{ta}/2)\left(\frac{r}{s_t}\right) - \left(\frac{1}{m^2} - \alpha^2\right) = 0 \tag{2.52}$$

考虑到 $\gamma > 0, r > 0, s_t > 0$,因此,方程式(2.52) 的解如下:

$$\frac{r}{s_t} = \alpha\cos(\theta_{ti} - \theta_{ta}/2) + \sqrt{\frac{1}{m^2} - \alpha^2 \sin^2(\theta_{ti} - \theta_{ta}/2)} \tag{2.53}$$

其中,弧长 s_t 和 θ_{ta} 的关系可表示为

$$s_t = a_t\theta_{ta} = \frac{\theta_{ta}}{k_t} \tag{2.54}$$

$$\frac{r}{s_t} = \frac{k_t r}{\theta_{ta}} \tag{2.55}$$

由式(2.55) 可知,(r/s_t) 是 θ_{ta} 的函数,因此,不能从式(2.52) 得到精确解。将 (r/s_t) 取最大值,可以由式(2.55) 计算出 θ_{ta},以此来计算 α,因此通过下式迭代可以计算出 (r/s_t) 的值:

$$\left.\begin{aligned} &\left(\frac{1}{\theta_{ta}}\right) = \frac{1}{k_t r}\left(\frac{r}{s_t}\right) \\ &\alpha = \frac{\sin(\theta_{ta}/2)}{\theta_{ta}/2} \\ &\frac{r}{s_t} = \alpha\cos(\theta_{ti} - \theta_{ta}/2) + \sqrt{\left(\frac{1}{m}\right)^2 - \alpha^2 \sin^2(\theta_{ti} - \theta_{ta}/2)} \end{aligned}\right\} \tag{2.56}$$

将式(2.56) 代入式(2.57) 可以求得导弹速度切向量 $\hat{t}_m$ 为

$$\hat{\boldsymbol{t}}_m = m\left[\frac{r}{s_t}\boldsymbol{t}_s + \alpha\boldsymbol{t}_{Lt}\right] \tag{2.57}$$

式(2.57) 表明了导弹的飞行方向与目标速度运动方向和弹目视线方向的关系,根据式(2.56) 和式(2.57) 迭代计算可以求出导弹每个时刻的速度切向量。由式(2.57) 可以保证每个时刻导弹的速度方向都调整指向拦截点 I,随着弹目距离的接近,即 $r \to 0$,导弹切向量的变化率趋于零值,从而使导弹的弹道轨迹曲率变化率趋近于零。

2.3.4　微分几何制导律设计及稳定性证明

在 2.3.3 节中,根据对非机动目标拦截和机动目标拦截的几何对比可知,非机动目标拦截可以看做机动目标拦截的特殊形式,因此,这里只对机动目标拦截进行制导律稳定性证明。根据式(2.57) 得到的方向可以使导弹以零化视线角速率拦截目标,其表达式中的向量关系可表示为图 2.7。其中,$\boldsymbol{t}_m$ 为实际导弹速度向量,$\hat{\boldsymbol{t}}_m$ 为设计的导弹速度向量。OAC_1 表示当前时刻的拦截三角,OAC_2 表示根据设计的制导律,导弹与目标速度向量构成的拦截三角,在图 2.7 中导弹弹道倾角速度方向由 C_1 向 C_2 方向进行调整,以满足设计速度切向量变化的要求。

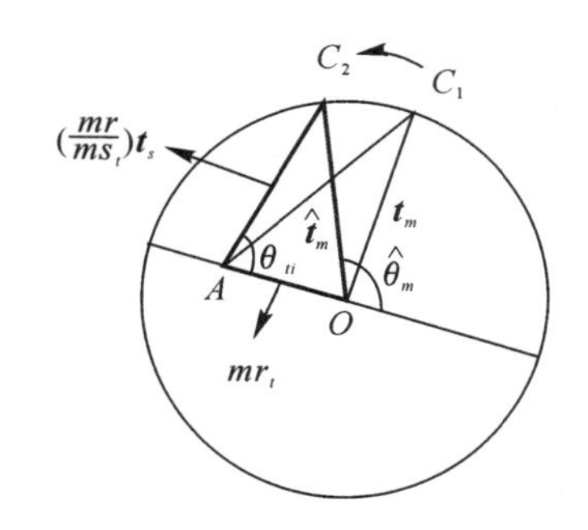

图 2.7　弹目切向量间关系图

为验证该制导律的稳定性,取 Lyapunov 函数如:[169]

$$V = \frac{1}{2}\theta_\delta^2 \tag{2.58}$$

其中,θ_δ 是导弹速度的切向量 $\boldsymbol{t}_m$ 与制导律设计的理想速度切向量 $\hat{\boldsymbol{t}}_m$ 之间的夹角,即

$$\theta_\delta = \hat{\theta}_m - \theta_m \tag{2.59}$$

其中，$\hat{\theta}_m$ 和 θ_m 分别表示 $\hat{\boldsymbol{t}}_m$，$\boldsymbol{t}_m$ 与水平面的夹角。对式(2.58)求微分可得

$$\frac{\mathrm{d}V}{\mathrm{d}t} = \dot{\theta}_\delta \theta_\delta \tag{2.60}$$

$\dot{\theta}_\delta$ 的计算可以根据设计的 $\boldsymbol{t}_m$ 的旋转速度来确定，对式(2.57)求微分可得

$$\dot{\hat{\boldsymbol{t}}}_m = m\left[\frac{\mathrm{d}}{\mathrm{d}t}\left(\frac{r}{s_t}\right)\boldsymbol{t}_s + \left(\frac{r}{s_t}\right)\dot{\theta}_s \boldsymbol{n}_s + \frac{\mathrm{d}}{\mathrm{d}t}(\alpha \boldsymbol{t}_{Lt})\right] \tag{2.61}$$

式(2.61)中等式右边第一项可通过下式求取：

$$\left(\frac{r}{s_t}\right)^2 - 2\alpha\cos(\theta_{ti} - \theta_{ta}/2)\left(\frac{r}{s_t}\right) - \left[\left(\frac{1}{m}\right)^2 - \alpha^2\right] = 0 \tag{2.62}$$

对式(2.62)求微分可得

$$2\frac{\mathrm{d}}{\mathrm{d}t}\left(\frac{r}{s_t}\right)\left(\frac{r}{s_t}\right) - 2\dot{\alpha}\cos((\theta_{ti} - \theta_{ta}/2))\left(\frac{r}{s_t}\right) + 2\alpha\sin(\theta_{ti} - \theta_{ta}/2)\cdot(\dot{\theta}_{ti} - \dot{\theta}_{ta}/2)\left(\frac{r}{s_t}\right) -$$

$$2\alpha\cos(\theta_{ti} - \theta_{ta}/2)\frac{\mathrm{d}}{\mathrm{d}t}\left(\frac{r}{s_t}\right) + 2\alpha\dot{\alpha} = 0 \tag{2.63}$$

其中，目标运动弧长对应的中心角度变化率可表示为

$$\dot{\theta}_{ta} = k_t\left[\frac{\dot{r}(r/s_t) - r\dfrac{\mathrm{d}}{\mathrm{d}t}(r/s_t)}{(r/s_t)^2}\right] \tag{2.64}$$

$$\dot{\alpha} = \frac{\mathrm{d}}{\mathrm{d}t}\left(\frac{2\sin(\theta_{ta}/2)}{\theta_{ta}}\right) = \left[\frac{\theta_{ta}\cos(\theta_{ta}/2) - 2\sin(\theta_{ta}/2)}{\theta_{ta}^2}\right]\dot{\theta}_{ta} = \tilde{\alpha}\dot{\theta}_{ta} \tag{2.65}$$

其中，$\tilde{\alpha} = \left[\dfrac{\theta_{ta}\cos(\theta_{ta}/2) - 2\sin(\theta_{ta}/2)}{\theta_{ta}^2}\right]$。

根据图2.6和图2.7中的角度关系可知

$$\dot{\theta}_{ti} = \dot{\theta}_s + \dot{\theta}_t = \dot{\theta}_s + \dot{\theta}_{ta} \tag{2.66}$$

将式(2.66)变形可以得到

$$\dot{\theta}_{ti} - \dot{\theta}_{ta}/2 = \dot{\theta}_s + \dot{\theta}_{ta}/2 \tag{2.67}$$

式(2.67)代入式(2.63)可得

$$\left[\left(\frac{r}{s_t}\right) - \alpha\cos(\theta_{ti} - \theta_{ta}/2)\right]\frac{\mathrm{d}}{\mathrm{d}t}\left(\frac{r}{s_t}\right) + \left[\alpha - \cos(\theta_{ti} - \theta_{ta}/2)\left(\frac{r}{s_t}\right)\right]\tilde{\alpha}\dot{\theta}_{ta} +$$

$$\left[\alpha - \cos(\theta_{ti} - \theta_{ta}/2)\left(\frac{r}{s_t}\right)\right]\dot{\theta}_{ta}/2 =$$

$$-\left[\alpha\sin(\theta_{ti} - \theta_{ta}/2)\left(\frac{r}{s_t}\right)\right]\dot{\theta}_s\frac{\mathrm{d}}{\mathrm{d}t}\left(\frac{r}{s_t}\right) + \dot{\theta}_{ta} = \frac{\dot{r}k_t}{(r/s_t)} \tag{2.68}$$

因此，如果 (r/s_t) 已知，将其代入式(2.62)中，可根据式(2.69)求得 (r/s_t) 和 θ_{ta} 的变化率。

$$\boldsymbol{A}_t\frac{\mathrm{d}}{\mathrm{d}t}\begin{pmatrix} r/s_t \\ \theta_{ta} \end{pmatrix} = \boldsymbol{B}_t\begin{pmatrix} \dot{\theta}_s \\ \dot{r} \end{pmatrix} \tag{2.69}$$

其中，

$$\boldsymbol{A}_t = \begin{bmatrix} [r/s_t - \alpha\cos(\theta_{ti} - \theta_{ta}/2)] & A_{12} \\ rk_t/(r/s_t)^2 & 1 \end{bmatrix}$$

$$A_{12}=[\alpha-\cos(\theta_{ti}-\theta_{ta}/2)](r/s_t)\tilde{\alpha}+0.5[\alpha\sin(\theta_{ti}-\theta_{ta}/2)(r/s_t)]$$

$$\boldsymbol{B}_t=\begin{pmatrix}-[\alpha\sin(\theta_{ti}-\theta_{ta}/2)(r/s_t)] & 0\\ 0 & \dfrac{k_t}{(r/s_t)}\end{pmatrix}\tag{2.70}$$

式(2.69) 变形可表示为

$$\frac{\mathrm{d}}{\mathrm{d}t}\begin{pmatrix}(r/s_t)\\ \theta_{ta}\end{pmatrix}=\boldsymbol{A}_t^{-1}\boldsymbol{B}_t\begin{pmatrix}\dot{\theta}_s\\ \dot{r}\end{pmatrix}\tag{2.71}$$

在式(2.61) 中，等式右边最后一项可以表示为

$$\frac{\mathrm{d}}{\mathrm{d}t}(\alpha\boldsymbol{t}_{tL})=\dot{\alpha}\boldsymbol{t}_{tL}+\dot{\theta}_{tL}\boldsymbol{n}_{tL}\tag{2.72}$$

其中，$\dot{\theta}_{tL}=-\dot{\theta}_{ta}/2$，因此式(2.61) 可以表示为

$$\dot{\hat{\boldsymbol{t}}}_m=m\left[\frac{\mathrm{d}}{\mathrm{d}t}\left(\frac{r}{s_t}\right)\boldsymbol{t}_s+\left(\frac{r}{s_t}\right)\dot{\theta}_s\boldsymbol{n}_s+(\tilde{\alpha}\boldsymbol{t}_{Lt}-0.5\boldsymbol{n}_{tL})\dot{\theta}_{ta}\right]\tag{2.73}$$

式(2.73) 中 $\dot{\theta}_s$ 为测得的视线角度率，又由$\dot{\hat{\boldsymbol{t}}}_m=\dot{\hat{\theta}}_m\hat{\boldsymbol{n}}_m$，因此$\dot{\hat{\theta}}_m$ 的值可表示为

$$|\dot{\hat{\theta}}_m|=\left|m\left[\frac{\mathrm{d}}{\mathrm{d}t}\left(\frac{r}{s_t}\right)\boldsymbol{t}_s+\left(\frac{r}{s_t}\right)\dot{\theta}_s\boldsymbol{n}_s+(\tilde{\alpha}\boldsymbol{t}_{Lt}-0.5\boldsymbol{n}_{tL})\dot{\theta}_{ta}\right]\right|\tag{2.74}$$

因此，平面微分几何制导律曲率指令可表示为

$$k_m=\frac{\dot{\theta}_m}{V_m}=\dot{\hat{\theta}}_m\mathrm{sign}(\theta_\delta)-K\theta_\delta\tag{2.75}$$

此时 $K>0$，结合式(2.60)、式(2.69) 和式(2.72)，能够使得$\dfrac{\mathrm{d}V}{\mathrm{d}t}=-K\theta_\delta^2<0$，满足 Lyapunov 稳定定理，从而可以保证设计制导律的稳定性。

2.3.5　仿真结果及分析

为验证所设计制导律的有效性，将设计的微分几何制导律(DGG)与比例导引(PN)做对比，验证设计制导律的制导性能。仿真中采用蒙特卡洛仿真统计拦截时间和脱靶量，选取导弹末制导阶段，以视线角速率作为被干扰项，制导系统时间常数设为 0.2 s，雷达导引头测量误差为 0.01 °/s。

设定导弹的初始位置为(0，0)m，目标的初始位置为(0，10 000) m，导弹初始速度为 1 000 m/s，目标初始速度为 400 m/s。导弹的初始弹道倾角为 $\theta_m=90°$，最大可用过载为 30 g，目标的初始弹道倾角为 $\theta_t=0°$，分三种目标不同的机动情形进行仿真。

仿真 1：目标不机动，作直线飞行，仿真曲线如图 2.8 所示。

仿真 2：导弹和目标的初始位置、速度和角度不变，目标在空间做圆弧形机动，机动曲率 $k_t=0.000\ 12$，仿真曲线如图 2.9 所示。

仿真 3：导弹和目标的初始位置、速度和角度不变，目标在空间做圆弧形机动，机动曲率 $k_t=0.000\ 12\mathrm{sign}(\sin(\pi t/5))$，仿真曲线如图 2.10 所示。

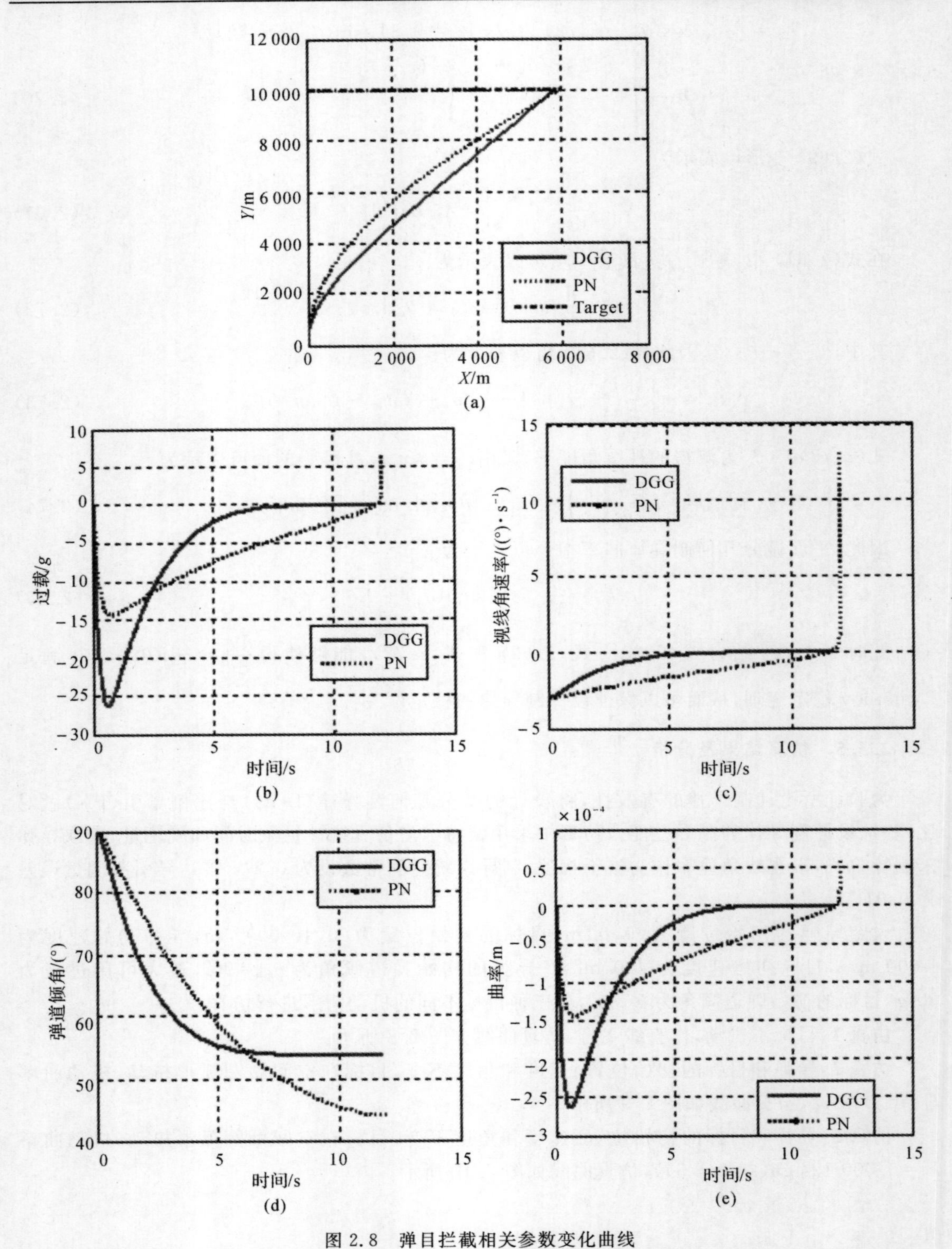

图 2.8　弹目拦截相关参数变化曲线

(a)弹目拦截曲线；（b)过载变化曲线；（c)视线角速率变化曲线；（d)弹道倾角变化曲线；（e)曲率变化曲线

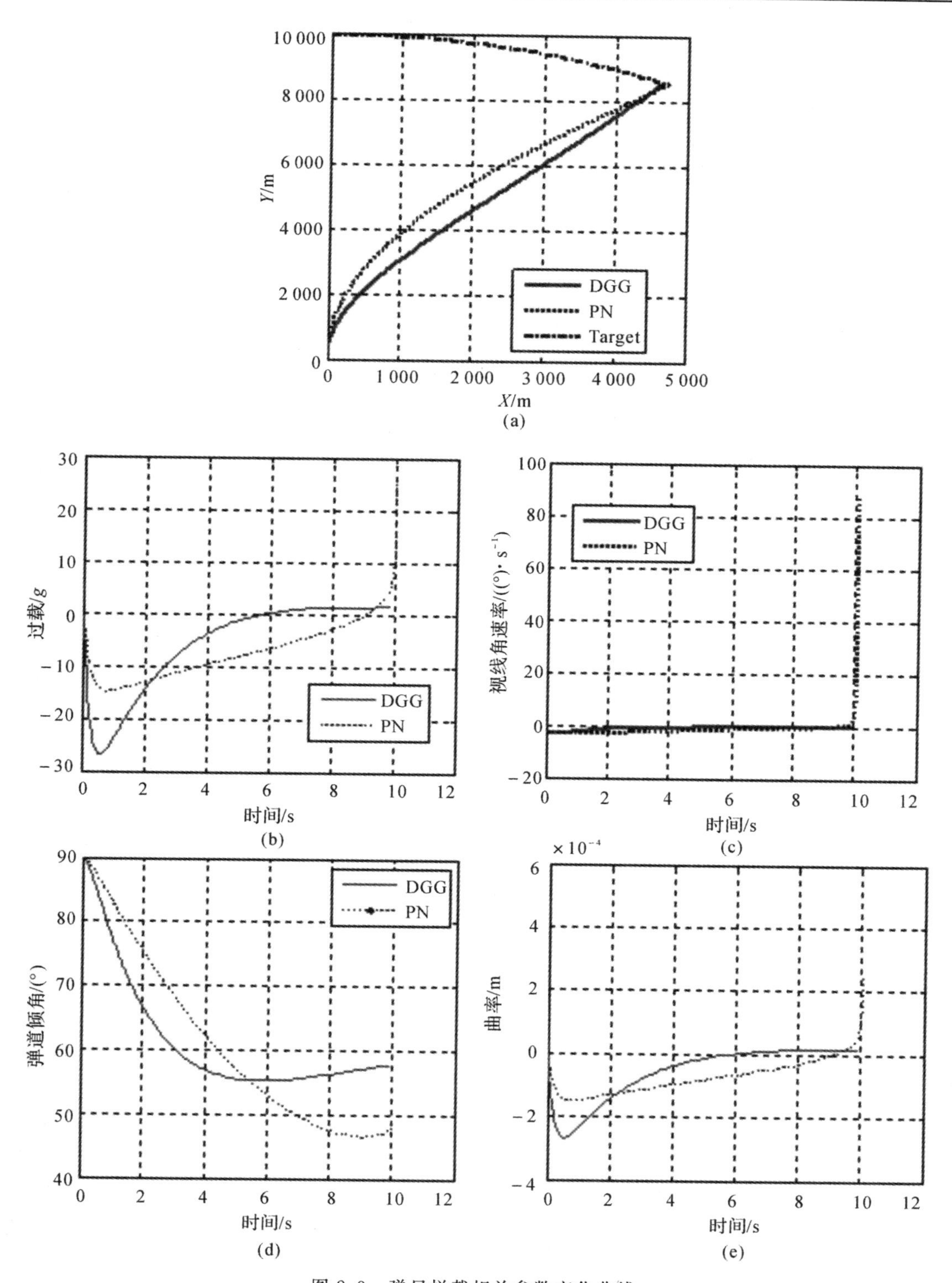

图 2.9　弹目拦截相关参数变化曲线

(a)弹目拦截曲线；(b)过载变化曲线；(c) 视线角速率变化曲线；(d)弹道倾角变化曲线；(e)曲率变化曲线

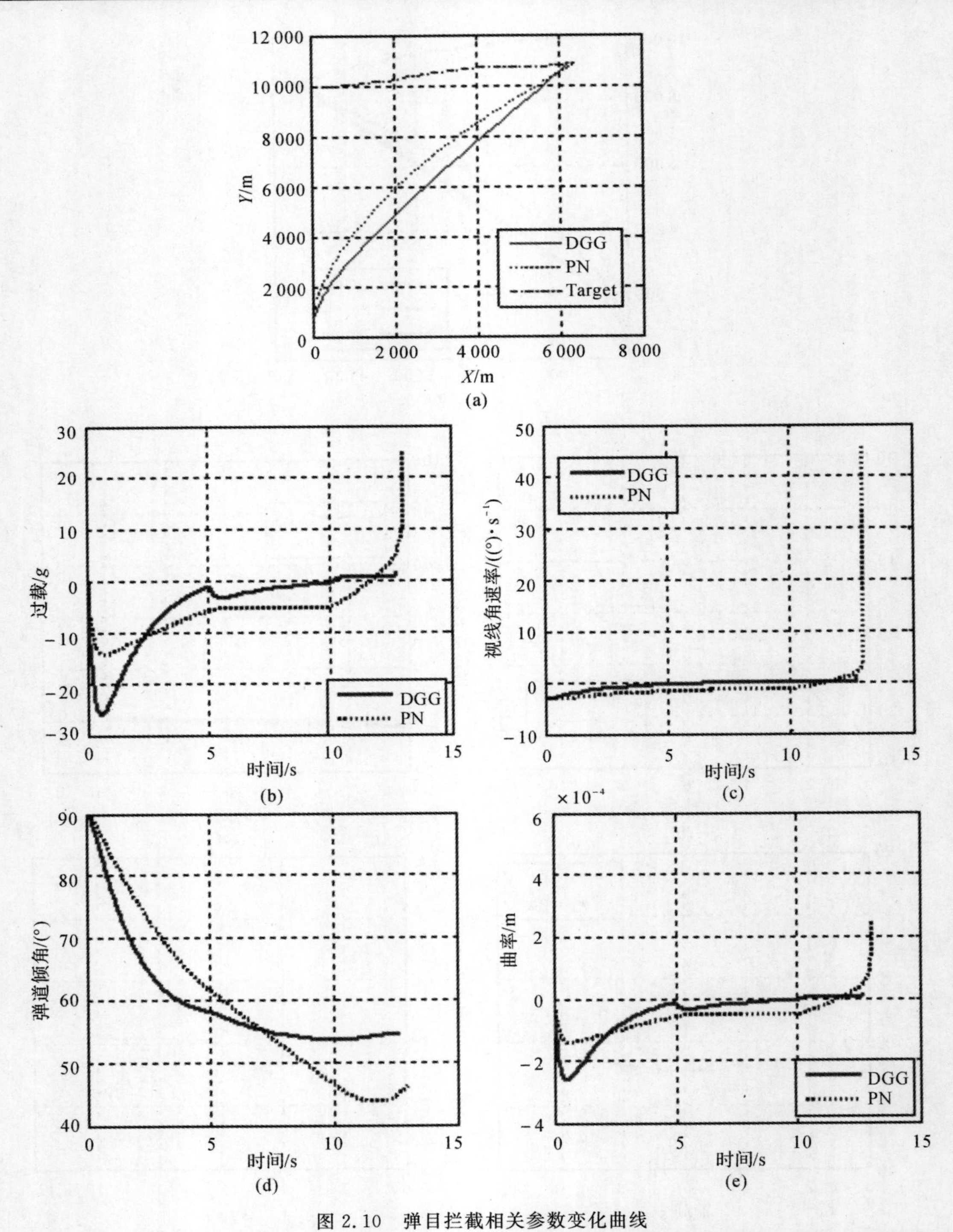

图 2.10 弹目拦截相关参数变化曲线

(a)弹目拦截曲线；(b)过载变化曲线；(c)视线角速率变化曲线；(d)弹道倾角变化曲线；(e)曲率变化曲线

三次仿真的脱靶量和拦截时间数据统计见表 2.1。

表 2.1　制导律拦截性能比较

	制导律	脱靶量/m	拦截时间/s
仿真 1	PN	8.881 3	12.02
	DGG	3.300 7	11.77
仿真 2	PN	6.686 3	10.05
	DGG	0.691 8	9.90
仿真 3	PN	8.087 8	12.99
	DGG	3.068 6	12.69

由表 2.1 可知，PN 和 DGG 制导均能保证导弹命中目标。从拦截时间方面，DGG 与 PN 耗时相当，DGG 的时间略小于 PN 制导，即采用 DGG 制导能够更早地将目标击落。从统计脱靶量可以看出，对于机动较大的目标，DGG 明显优于 PN 制导，DGG 制导精度相对于 PN 大幅提高。根据最大过载可以看出，采用 PN 制导时出现过载激增现象，而 DGG 克服了 PN 制导末段视线角速率发散导致的过载饱和现象。由仿真图 2.8～图 2.10 中的(a)(d)和(e)可以看出，采用 DGG 和 PN 制导时的弹道较为接近，相对于 PN 制导，DGG 弹道较为平直，弹道曲率变化较小，随着拦截的进行，其大小趋近于零值，变化率趋近于零值。图(b)和(c)表明，在拦截的初始阶段，DGG 利用较大的过载调整姿态，补偿由目标机动引起的视线角速率变化，使得拦截末段视线角速率变化较小；而采用 PN 制导时，在拦截的开始阶段，导弹没有及时补偿目标机动信息，这样造成了制导后期的强制补偿，从而使得弹道较为弯曲。根据视线转率随时间变化图可看出，新设计的 DGG 制导律能够有效抑制视线的旋转，使得在拦截的末段，视线角速率趋近于零，这也与本书零化视线角速率的思想相吻合；而传统的 PN 则随着拦截的进行，视线角速率不断增大，在拦截的末端，视线角速率达到最大值，这从另一个方面解释了其脱靶量较大的原因。

综上可知，相对于 PN 制导，在拦截时间和制导精度等方面，DGG 表现出更加良好的制导性能。

2.4　三维空间微分几何制导律

2.4.1　三维空间弹目拦截的微分几何关系分析

导弹和目标的空间相对运动学关系如图 2.11 所示。其中，$O_I X_I Y_I Z_I$ 为惯性参考坐标系，$\boldsymbol{t}_t$，$\boldsymbol{n}_t$ 和 $\boldsymbol{b}_t$ 分别表示目标的单位切向量、单位法向量和单位副法向量，$\boldsymbol{t}_m$，$\boldsymbol{n}_m$ 和 $\boldsymbol{b}_m$ 分别表示导弹的单位切向量、法向量和副法向量，$\boldsymbol{e}_r$ 为沿视线方向单位向量，$\boldsymbol{e}_\omega$ 为单位视线旋转角速度向量，导弹和目标的速度分别为 v_m 和 v_t。

此场景下的相对运动学方程为

$$\boldsymbol{r}_m = \boldsymbol{r}_t - r\boldsymbol{e}_r \tag{2.76}$$

其中，r 表示弹目视线的距离；e 表示单位向量。

式(2.76) 两边对弧长自然参数 s 求导可得

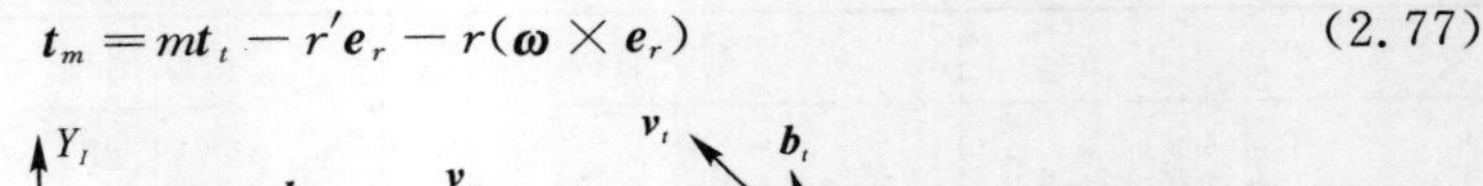

$$\boldsymbol{t}_m = m\boldsymbol{t}_t - r'\boldsymbol{e}_r - r(\boldsymbol{\omega} \times \boldsymbol{e}_r) \tag{2.77}$$

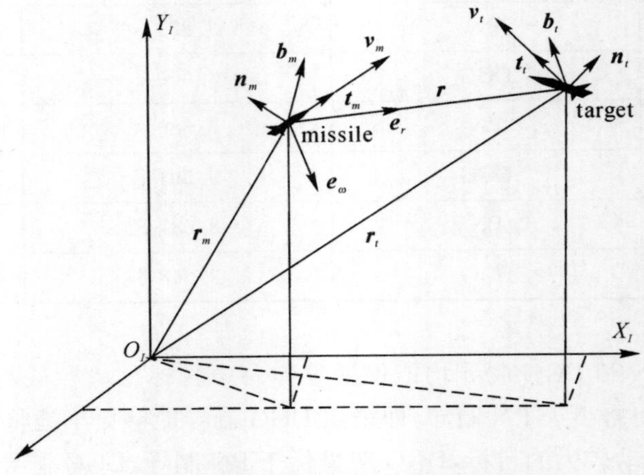

图 2.11　弹目拦截几何关系示意图

式(2.77) 中 $\boldsymbol{\omega}$ 表示弹目视线旋转角速度矢量。该式表达了弹目相对运动学模型，在视线方向和垂直于视线方向的分量可以表示为

$$r' = (m\boldsymbol{t}_t - \boldsymbol{t}_m) \cdot \boldsymbol{e}_r \tag{2.78}$$

$$r\theta' = (m\boldsymbol{t}_t - \boldsymbol{t}_m) \cdot (\boldsymbol{e}_\omega \times \boldsymbol{e}_r) \tag{2.79}$$

其中，$\boldsymbol{\omega}$ 表示视线的旋转矢量。

由式(2.79) 可知，视线旋转角速度矢量 $\boldsymbol{\omega}$ 完全由导弹速度的切向量 $\boldsymbol{t}_m$ 和目标速度切向量 $\boldsymbol{t}_t$ 在垂直于视线上的分量决定。同时，$\boldsymbol{\omega}$ 垂直于沿视线方向向量，即满足

$$\left.\begin{array}{l} \boldsymbol{e}_\omega \cdot \boldsymbol{e}_r = 0 \\ |\boldsymbol{e}_\omega \times \boldsymbol{e}_r| = 1 \end{array}\right\} \tag{2.80}$$

对式(2.80) 两边取弧长向量 s_m 的求微分可得

$$\boldsymbol{e}'_\omega \cdot \boldsymbol{e}_r + \boldsymbol{e}_\omega \cdot \boldsymbol{e}'_r = 0 \;\Rightarrow\; \boldsymbol{e}'_\omega \cdot \boldsymbol{e}_r + \boldsymbol{e}_\omega \cdot (\omega \times \boldsymbol{e}_r) = 0 \;\Rightarrow\; \boldsymbol{e}'_\omega \cdot \boldsymbol{e}_r = 0 \tag{2.81}$$

由于 $\boldsymbol{e}_\omega$ 是单位向量，根据单位向量的性质有

$$\boldsymbol{e}'_\omega \cdot \boldsymbol{e}_\omega = 0 \tag{2.82}$$

将式(2.77) 两边求微分可得

$$\begin{aligned} k_m\boldsymbol{n}_m = {} & m^2 k_t\boldsymbol{n}_t - r''\boldsymbol{e}_r - 2r'\omega \times \boldsymbol{e}_r - r'(\omega \times \boldsymbol{e}_r) - r(\boldsymbol{e}'_\omega \times \boldsymbol{e}_r) - r(\boldsymbol{e}_\omega \times \boldsymbol{e}'_r) = \\ & m^2 k_t\boldsymbol{n}_t - r''\boldsymbol{e}_r - 2r'\theta'\boldsymbol{e}_\omega \times \boldsymbol{e}_r - r\theta''\boldsymbol{e}_\omega \times \boldsymbol{e}_r - r\theta'\boldsymbol{e}'_\omega \times \boldsymbol{e}_r - r\theta'^2\boldsymbol{e}_\omega \times (\boldsymbol{e}_\omega \times \boldsymbol{e}_r) \end{aligned} \tag{2.83}$$

考虑到向量 $\boldsymbol{e}_\omega$，$\boldsymbol{e}_r$ 之间满足式(2.84) 和式(2.85)

$$\boldsymbol{e}_\omega \times (\boldsymbol{e}_\omega \times \boldsymbol{e}_r) = -\boldsymbol{e}_r \tag{2.84}$$

$$(\boldsymbol{e}'_\omega \times \boldsymbol{e}_r) \cdot (\boldsymbol{e}_\omega \times \boldsymbol{e}_r) = (\boldsymbol{e}'_\omega \cdot \boldsymbol{e}_\omega)(\boldsymbol{e}'_r \cdot \boldsymbol{e}_r) - (\boldsymbol{e}'_\omega \cdot \boldsymbol{e}_r)(\boldsymbol{e}_\omega \cdot \boldsymbol{e}_r) \tag{2.85}$$

根据式(2.80) ～ 式(2.82) 可知

$$(\boldsymbol{e}'_\omega \times \boldsymbol{e}_r) \cdot (\boldsymbol{e}_\omega \times \boldsymbol{e}_r) = 0 \tag{2.86}$$

根据矢量运算性质，结合式(2.83)，沿 $\boldsymbol{e}_r$ 和 $\boldsymbol{e}_\omega \times \boldsymbol{e}_r$ 方向的分量可以表示为

$$r''-r\theta'^2=(m^2k_t\boldsymbol{n}_t-k_m\boldsymbol{n}_m)\cdot\boldsymbol{e}_r \tag{2.87}$$

$$r\theta''+2r'\theta'=(m^2k_t\boldsymbol{n}_t-k_m\boldsymbol{n}_m)\cdot(\boldsymbol{e}_\omega\times\boldsymbol{e}_r) \tag{2.88}$$

式(2.87)和式(2.88)是弹目相对运动沿 $\boldsymbol{e}_r$ 和 $\boldsymbol{e}_\omega\times\boldsymbol{e}_r$ 方向的分量。在三维空间拦截中，视线向量在旋转的过程中，其速度和大小随着拦截过程的进行不断变化，结合式(2.77)，视线旋转向量 $\boldsymbol{e}_\omega$ 的导数可以表示为

$$\begin{aligned}&r\theta'(\boldsymbol{e}_\omega\times\boldsymbol{e}_r)\times\boldsymbol{e}_r=(m\boldsymbol{t}_t-\boldsymbol{t}_m)\times\boldsymbol{e}_r \quad\Rightarrow\\&r\theta'[(\boldsymbol{e}_r\cdot\boldsymbol{e}_r)\boldsymbol{e}_\omega-(\boldsymbol{e}_r\cdot\boldsymbol{e}_\omega)\boldsymbol{e}_r]=(\boldsymbol{t}_m-m\boldsymbol{t}_t)\times\boldsymbol{e}_r \quad\Rightarrow\\&r\theta'\boldsymbol{e}_\omega=(\boldsymbol{t}_m-m\boldsymbol{t}_t)\times\boldsymbol{e}_r\end{aligned} \tag{2.89}$$

对式(2.89)两边求微分可得

$$r\theta'\boldsymbol{e}_\omega+r\theta''\boldsymbol{e}_\omega+r\theta'\boldsymbol{e}'_\omega=(k_m\boldsymbol{n}_m-m^2k_t\boldsymbol{n}_t)\times\boldsymbol{e}_r+(\boldsymbol{t}_m-m\boldsymbol{t}_t)\times(\boldsymbol{\omega}\times\boldsymbol{e}_r) \tag{2.90}$$

结合式(2.77)和式(2.90)可得

$$(\boldsymbol{t}_m-m\boldsymbol{t}_t)\times(\boldsymbol{\omega}\times\boldsymbol{e}_r)=-r'\theta'\boldsymbol{e}_r\times(\boldsymbol{e}_\omega\times\boldsymbol{e}_r)=-r'\theta'\boldsymbol{e}_\omega \tag{2.91}$$

将式(2.91)代入式(2.90)得

$$r\theta'\boldsymbol{e}'_\omega=(k_m\boldsymbol{n}_m-m^2k_t\boldsymbol{n}_t)\times\boldsymbol{e}_r-(2r'\theta'+r\theta'')\boldsymbol{e}_\omega \tag{2.92}$$

将式(2.92)变形可得

$$\boldsymbol{e}'_\omega=\frac{(k_m\boldsymbol{n}_m-m^2k_t\boldsymbol{n}_t)\times\boldsymbol{e}_r-(2r'\theta'+r\theta'')\boldsymbol{e}_\omega}{r\theta'} \tag{2.93}$$

根据式(2.89)可知，视线旋转向量表达式为

$$\boldsymbol{e}_\omega=\frac{(\boldsymbol{t}_m-m\boldsymbol{t}_t)\times\boldsymbol{e}_r}{r\theta'} \tag{2.94}$$

2.4.2 微分几何制导律曲率指令设计

本节将基于零化视线角速度的思想设计微分几何制导律。假设导弹存在一个虚拟拦截速度 v_{mp}，当导弹的速度方向与虚拟导弹速度一致时，能够保证导弹以零化视线角速度的方向精确命中目标，此时导弹和目标的关系满足

$$\boldsymbol{t}_{mp}=m\boldsymbol{t}_t-r'_{mp}\boldsymbol{e}_r \tag{2.95}$$

其中，r'_{mp} 是弹目相对速度，即

$$r'_{mp}=(m\boldsymbol{t}_t-\boldsymbol{t}_{mp})\cdot\boldsymbol{e}_r \tag{2.96}$$

根据式(2.95)可知

$$r'_{mp}=(m\boldsymbol{t}_t-\boldsymbol{t}_{mp})\cdot\boldsymbol{e}_\omega\times\boldsymbol{e}_r \tag{2.97}$$

其中，$\boldsymbol{t}_{mp}$ 方向沿着虚拟指向速度方向。将式(2.97)两边求对弧长向量 $\boldsymbol{s}_m$ 的微分可得

$$\begin{aligned}&m^2k_t\boldsymbol{n}_t\cdot\boldsymbol{e}_\omega\times\boldsymbol{e}_r+m\boldsymbol{t}_t\cdot\boldsymbol{e}'_\omega\times\boldsymbol{e}_r+m\boldsymbol{t}_t\cdot\boldsymbol{e}_\omega\times(\boldsymbol{\omega}\times\boldsymbol{e}_r)-\\&\quad k_{mp}\boldsymbol{n}_{mp}\cdot\boldsymbol{e}_\omega\times\boldsymbol{e}_r-\boldsymbol{t}_{mp}\cdot\boldsymbol{e}'_\omega\times\boldsymbol{e}_r-\boldsymbol{t}_{mp}\cdot\boldsymbol{e}_\omega\times(\boldsymbol{\omega}\times\boldsymbol{e}_r)=\boldsymbol{0}\end{aligned} \tag{2.98}$$

其中，$\boldsymbol{n}_p$ 是导弹运动轨迹的虚拟主法向量。

根据式(2.98)可知

$$\begin{aligned}&k_{mp}\boldsymbol{n}_{mp}\cdot\boldsymbol{e}_\omega\times\boldsymbol{e}_r=m^2k_t\boldsymbol{n}_t\cdot\boldsymbol{e}_\omega\times\boldsymbol{e}_r+m\boldsymbol{t}_t\cdot\boldsymbol{e}'_\omega\times\boldsymbol{e}_r+\\&\quad m\boldsymbol{t}_t\cdot\boldsymbol{e}_\omega\times(\boldsymbol{\omega}\times\boldsymbol{e}_r)-\boldsymbol{t}_p\cdot\boldsymbol{e}'_\omega\times\boldsymbol{e}_r-\boldsymbol{t}_{mp}\cdot\boldsymbol{e}_\omega\times(\boldsymbol{\omega}\times\boldsymbol{e}_r)\end{aligned} \tag{2.99}$$

根据式(2.99)可以得到导弹虚拟速度的曲率为

$$k_{mp}=m^2k_t\frac{\boldsymbol{n}_t\cdot\boldsymbol{e}_\omega\times\boldsymbol{e}_r}{\boldsymbol{n}_{mp}\cdot\boldsymbol{e}_\omega\times\boldsymbol{e}_r}+m\frac{\boldsymbol{t}_t\cdot\boldsymbol{e}'_\omega\times\boldsymbol{e}_r}{\boldsymbol{n}_{mp}\cdot\boldsymbol{e}_\omega\times\boldsymbol{e}_r}+m\frac{\boldsymbol{t}_t\cdot\boldsymbol{e}_\omega\times(\boldsymbol{\omega}\times\boldsymbol{e}_r)}{\boldsymbol{n}_{mp}\cdot\boldsymbol{e}_\omega\times\boldsymbol{e}_r}-$$

$$\frac{\boldsymbol{t}_p \cdot \boldsymbol{e}'_\omega \times \boldsymbol{e}_r}{\boldsymbol{n}_{mp} \cdot \boldsymbol{e}_\omega \times \boldsymbol{e}_r} - \frac{\boldsymbol{t}_{mp} \cdot \boldsymbol{e}_\omega \times (\boldsymbol{\omega} \times \boldsymbol{e}_r)}{\boldsymbol{n}_{mp} \cdot \boldsymbol{e}_\omega \times \boldsymbol{e}_r} \tag{2.100}$$

由式(2.95)可知

$$m\boldsymbol{t}_t - \boldsymbol{t}_{mp} = r'_{mp} \cdot \boldsymbol{e}_r \tag{2.101}$$

$$(m\boldsymbol{t}_t - \boldsymbol{t}_{mp}) \cdot \boldsymbol{e}'_\omega \times \boldsymbol{e}_r = r'_{mp} \cdot \boldsymbol{e}_r \cdot \boldsymbol{e}'_\omega \times \boldsymbol{e}_r = \boldsymbol{0} \tag{2.102}$$

结合式(2.101)和式(2.102)，导弹曲率制导指令表达式可表示为

$$k_{mp} = m^2 k_t \frac{\boldsymbol{n}_t \cdot \boldsymbol{e}_\omega \times \boldsymbol{e}_r}{\boldsymbol{n}_{mp} \cdot \boldsymbol{e}_\omega \times \boldsymbol{e}_r} + r'_{mp} \frac{\boldsymbol{e}_r \cdot \boldsymbol{e}_\omega \times (\boldsymbol{\omega} \times \boldsymbol{e}_r)}{\boldsymbol{n}_{mp} \cdot \boldsymbol{e}_\omega \times \boldsymbol{e}_r} \tag{2.103}$$

结合式(2.87)、式(2.88)和式(2.103)可表示为

$$k_{mp} = m^2 k_t \frac{\boldsymbol{n}_t \cdot \boldsymbol{e}_\omega \times \boldsymbol{e}_r}{\boldsymbol{n}_{mp} \cdot \boldsymbol{e}_\omega \times \boldsymbol{e}_r} + \frac{r'_{mp}\theta'}{\boldsymbol{n}_{mp} \cdot \boldsymbol{e}_\omega \times \boldsymbol{e}_r} \tag{2.104}$$

根据式(2.104)可知，导弹虚拟曲率指令的第一项为目标曲率与 m^2 的乘积在目标轨迹和导弹轨迹的主法向量与 $\boldsymbol{e}_\omega \times \boldsymbol{e}_r$ 分量的比值；第二项表明导弹拦截目标的视线角速度不为零，主要是因为导弹的实际速度方向不沿着虚拟指向速度方向，而该项指令的主要作用是调整导弹的速度指向。

根据式(2.104)，导弹的曲率制导指令可以表示为

$$k_m = m^2 k_t \frac{\boldsymbol{n}_t \cdot \boldsymbol{e}_\omega \times \boldsymbol{e}_r}{\boldsymbol{n}_m \cdot \boldsymbol{e}_\omega \times \boldsymbol{e}_r} + r' \frac{\boldsymbol{e}_r \cdot \boldsymbol{e}_\omega \times (\boldsymbol{\omega} \times \boldsymbol{e}_r)}{\boldsymbol{n}_m \cdot \boldsymbol{e}_\omega \times \boldsymbol{e}_r} \tag{2.105}$$

由式(2.105)可知

$$k_m = m^2 k_t \frac{\boldsymbol{n}_t \cdot \boldsymbol{e}_\omega \times \boldsymbol{e}_r}{\boldsymbol{n}_m \cdot \boldsymbol{e}_\omega \times \boldsymbol{e}_r} - \frac{Ar'\theta'}{\boldsymbol{n}_m \cdot \boldsymbol{e}_\omega \times \boldsymbol{e}_r} \tag{2.106}$$

式(2.106)中 A 为比例系数，将式(2.106)代入式(2.83)可得

$$\begin{aligned} m^2 k_t \frac{\boldsymbol{n}_t \cdot \boldsymbol{e}_\omega \times \boldsymbol{e}_r}{\boldsymbol{n}_m \cdot \boldsymbol{e}_\omega \times \boldsymbol{e}_r} + Ar'\theta' \frac{\boldsymbol{e}_r \cdot \boldsymbol{e}_\omega \times (\boldsymbol{e}_\omega \times \boldsymbol{e}_r)}{\boldsymbol{n}_m \cdot \boldsymbol{e}_\omega \times \boldsymbol{e}_r} \boldsymbol{n}_m = \\ m^2 k_t \boldsymbol{n}_t - r'' \boldsymbol{e}_r - 2r'\theta' \boldsymbol{e}_\omega \times \boldsymbol{e}_r - r\theta'' \boldsymbol{e}_\omega \times \boldsymbol{e}_r - r\theta' \boldsymbol{e}'_\omega \times \boldsymbol{e}_r - \\ r\theta'^2 \boldsymbol{e}_\omega \times (\boldsymbol{e}_\omega \times \boldsymbol{e}_r) \end{aligned} \tag{2.107}$$

将式(2.107)变形可得

$$\begin{aligned} m^2 k_t \boldsymbol{n}_t \cdot \boldsymbol{e}_\omega \times \boldsymbol{e}_r + Ar'\theta' \boldsymbol{e}_r \cdot \boldsymbol{e}_\omega \times (\boldsymbol{e}_\omega \times \boldsymbol{e}_r) = \\ m^2 k_t \boldsymbol{n}_t \cdot \boldsymbol{e}_\omega \times \boldsymbol{e}_r - r'' \boldsymbol{e}_r \cdot \boldsymbol{e}_\omega \times \boldsymbol{e}_r - 2r'\theta' (\boldsymbol{e}_\omega \times \boldsymbol{e}_r)^2 - r\theta'' (\boldsymbol{e}_\omega \times \boldsymbol{e}_r)^2 - \\ r\theta' \boldsymbol{e}'_\omega \times \boldsymbol{e}_r \cdot (\boldsymbol{e}_\omega \times \boldsymbol{e}_r) - r\theta'^2 \boldsymbol{e}_\omega \times (\boldsymbol{e}_\omega \times \boldsymbol{e}_r) \cdot (\boldsymbol{e}_\omega \times \boldsymbol{e}_r) \end{aligned} \tag{2.108}$$

根据空间正交单位向量的关系可知

$$\boldsymbol{e}_r \cdot (\boldsymbol{e}_\omega \times \boldsymbol{e}_r) = 0, \quad \boldsymbol{e}'_\omega \times \boldsymbol{e}_r \cdot (\boldsymbol{e}_\omega \times \boldsymbol{e}_r) = 0, \quad \boldsymbol{e}_\omega \times (\boldsymbol{e}_\omega \times \boldsymbol{e}_r) \cdot (\boldsymbol{e}_\omega \times \boldsymbol{e}_r) = 0$$

因此，式(2.108)可表示为

$$-Ar'\theta' = -(2r'\theta' + r\theta'')(\boldsymbol{e}_\omega \times \boldsymbol{e}_r)^2 \tag{2.109}$$

将式(2.109)化简可得

$$2r'\theta' + r\theta'' = Ar'\theta' \tag{2.110}$$

因此，微分几何制导指令对应的视线旋转角速度的解析解为

$$\theta' = \theta'_0 \left(\frac{r}{r_0}\right)^{A-2} \tag{2.111}$$

在式(2.111)中，θ_0 代表开始时刻初始视线角速率的大小，且 $\theta_0 \geqslant 0$。如果满足条件 $A \geqslant$

2，视线角速率 θ' 将随着弹目相对距离 r 的减小而趋于零。

2.4.3　微分几何制导律挠率指令设计

如果要保证在拦截过程中制导律曲率指令不出现奇异，式(2.105)和式(2.106)的分母项不能为零，即

$$\boldsymbol{n}_m \cdot (\boldsymbol{e}_\omega \times \boldsymbol{e}_r) \neq 0 \tag{2.112}$$

如果拦截过程中制导曲率项出现奇异，即 $\boldsymbol{n}_m \cdot (\boldsymbol{e}_\omega \times \boldsymbol{e}_r)=0$，根据式(2.83)得

$$\begin{aligned} k_m\boldsymbol{n}_m \cdot (\boldsymbol{e}_\omega \times \boldsymbol{e}_r) = & m^2 k_t \boldsymbol{n}_t \cdot (\boldsymbol{e}_\omega \times \boldsymbol{e}_r) - r''\boldsymbol{e}_r \cdot (\boldsymbol{e}_\omega \times \boldsymbol{e}_r) - 2r'\theta'\boldsymbol{e}_\omega \times \boldsymbol{e}_r \cdot (\boldsymbol{e}_\omega \times \boldsymbol{e}_r) - \\ & r\theta''\boldsymbol{e}_\omega \times \boldsymbol{e}_r \cdot (\boldsymbol{e}_\omega \times \boldsymbol{e}_r) - r\theta'\boldsymbol{e}'_\omega \times \boldsymbol{e}_r \cdot (\boldsymbol{e}_\omega \times \boldsymbol{e}_r) - \\ & r\theta'^2\boldsymbol{e}_\omega \times (\boldsymbol{e}_\omega \times \boldsymbol{e}_r) \cdot (\boldsymbol{e}_\omega \times \boldsymbol{e}_r) \end{aligned} \tag{2.113}$$

结合式(2.80)和式(2.86)，式(2.113)可化简为

$$r\theta'' + 2r'\theta' = m^2 k_t \boldsymbol{n}_t \cdot (\boldsymbol{e}_\omega \times \boldsymbol{e}_r) \tag{2.114}$$

因此，当 $\boldsymbol{n}_m \cdot (\boldsymbol{e}_\omega \times \boldsymbol{e}_r)=0$ 时，弹目视线角速率 θ' 和 θ'' 取决于目标曲率值的大小，此时式(2.111)不再成立，为设计出合理的 τ_m，应当使法向向量 $\boldsymbol{n}_m$ 旋转到一定位置，保持在整个交战过程中 $\boldsymbol{n}_m \cdot (\boldsymbol{e}_\omega \times \boldsymbol{e}_r) \neq 0$。如果在拦截的过程中，$\boldsymbol{n}_m \cdot (\boldsymbol{e}_\omega \times \boldsymbol{e}_r)$ 出现正负号变化，将会出现使制导曲率 k_m 奇异的点，因此，考虑初始条件应当满足

$$\boldsymbol{n}_{m0} \cdot (\boldsymbol{e}_{\omega 0} \times \boldsymbol{e}_{r0}) = a \neq 0 \tag{2.115}$$

此时满足 $\boldsymbol{n}_m \cdot (\boldsymbol{e}_\omega \times \boldsymbol{e}_r)$ 在整个拦截作战过程中保持不变号。式(2.115)两边对弧长向量 s_m 求微分可得

$$\frac{\mathrm{d}}{\mathrm{d}s}(\boldsymbol{n}_m \cdot (\boldsymbol{e}_\omega \times \boldsymbol{e}_r)) = \frac{\mathrm{d}}{\mathrm{d}s}a = 0 \tag{2.116}$$

即 $-k_m\boldsymbol{t}_m \cdot (\boldsymbol{e}_\omega \times \boldsymbol{e}_r) + \tau_m \boldsymbol{b}_m \cdot (\boldsymbol{e}_\omega \times \boldsymbol{e}_r) + \boldsymbol{n}_m \cdot (\boldsymbol{e}_\omega \times \boldsymbol{e}_r)' = 0$，通过化简可得

$$\tau_m \boldsymbol{b}_m \cdot \boldsymbol{e}_\omega \times \boldsymbol{e}_r = k_m \boldsymbol{t}_m \cdot \boldsymbol{e}_\omega \times \boldsymbol{e}_r - \boldsymbol{n}_m \cdot \boldsymbol{e}'_\omega \times \boldsymbol{e}_r + \theta' \boldsymbol{n}_m \cdot \boldsymbol{e}_r \tag{2.117}$$

将式(2.117)变形可得

$$\tau_m = k_m \frac{\boldsymbol{t}_m \cdot \boldsymbol{e}_\omega \times \boldsymbol{e}_r}{\boldsymbol{b}_m \cdot \boldsymbol{e}_\omega \times \boldsymbol{e}_r} - \frac{\boldsymbol{n}_m \cdot \boldsymbol{e}'_\omega \times \boldsymbol{e}_r}{\boldsymbol{b}_m \cdot \boldsymbol{e}_\omega \times \boldsymbol{e}_r} + \theta' \frac{\boldsymbol{n}_m \cdot \boldsymbol{e}_r}{\boldsymbol{b}_m \cdot \boldsymbol{e}_\omega \times \boldsymbol{e}_r} \tag{2.118}$$

式(2.118)即为导弹的挠率指令。式(2.105)和式(2.118)为拦截器在空间运动的曲率指令和挠率指令，两者在空间通过改变 $\boldsymbol{n}_m$ 和 $\boldsymbol{b}_m$ 的方向决定拦截器的弹道轨迹。

2.4.4　微分几何制导律捕获条件分析

为使设计的微分几何制导曲率指令和挠率指令在拦截过程中不发生奇异现象，对捕获的充分条件和奇异条件展开分析。

当导弹的速度大于目标速度时，$r'=0$ 和 $\theta'=0$ 不可能同时出现，因为根据式(2.111)可知，当 $r'=0$ 和 $\theta'=0$ 同时发生时，由式(2.77)可知

$$\boldsymbol{t}_m = m\boldsymbol{t}_t \tag{2.119}$$

这与 $m<1$ 假设相矛盾，因此，$r'=0$ 和 $\theta'=0$ 两者不可能同时发生。弹目拦截过程中，当 $\theta'_0>0$ 时，有 $r\theta'>0$，根据式(2.79)可知

$$r\theta' = m\boldsymbol{t}_t \cdot \boldsymbol{e}_\omega \times \boldsymbol{e}_r - \boldsymbol{t}_m \cdot \boldsymbol{e}_\omega \times \boldsymbol{e}_r > 0 \tag{2.120}$$

在拦截过程中，若导弹速度沿着虚拟指向速度方向，保持弹目视线角速度为零值，则有

$$mt_t \times e_r - t_{mp} \times e_r = 0 \Rightarrow$$
$$mt_t \times e_r \cdot e_\omega = t_{mp} \times e_r \cdot e_\omega \quad \Rightarrow$$
$$mt_t \cdot e_r \times e_\omega = t_{mp} \cdot e_r \times e_\omega \quad \Rightarrow$$
$$mt_t \cdot e_\omega \times e_r = t_{mp} \cdot e_\omega \times e_r \quad \Rightarrow$$
$$\frac{\mathrm{d}}{\mathrm{d}s}(mt_t \cdot e_\omega \times e_r) = \frac{\mathrm{d}}{\mathrm{d}s}(t_{mp} \cdot e_\omega \times e_r) \tag{2.121}$$

对式(2.120) 两边求微分可得

$$\frac{\mathrm{d}}{\mathrm{d}s}(r\theta') = \frac{\mathrm{d}}{\mathrm{d}s}(mt_t \cdot e_\omega \times e_r) - \frac{\mathrm{d}}{\mathrm{d}s}(t_m \cdot e_\omega \times e_r) = r'\theta' + r\theta'' > 0 \tag{2.122}$$

由式(2.121) 可知,式(2.122) 等号左边可表示为

$$\frac{\mathrm{d}}{\mathrm{d}s}(r\theta') = \frac{\mathrm{d}}{\mathrm{d}s}(t_{mp} \cdot e_\omega \times e_r) - \frac{\mathrm{d}}{\mathrm{d}s}(t_m \cdot e_\omega \times e_r) < 0 \tag{2.123}$$

同时有

$$r\theta' = t_{mp} \cdot e_\omega \times e_r - t_m \cdot e_\omega \times e_r > 0 \tag{2.124}$$

其中,t_{me} 为单位虚拟脱靶指向速度矢量,如果导弹沿着 t_{me} 的方向,那么将导致脱靶。当导弹脱靶时

$$mt_t \cdot e_r = t_{me} \cdot e_r \tag{2.125}$$

因此,当目标的速度向量不变时,即 t_t 保持不变,其脱靶集 Q 可以表示为

$$Q = \{t_{me} \mid mt_t \cdot e_r = t_{me} \cdot e_r\} \tag{2.126}$$

当 $t_m = t_{me}$,并且 $r' = 0$ 时,根据式(2.79) 可知

$$mt_t - t_{me} = r_{me}\theta'_{me} e_\omega \times e_r \tag{2.127}$$
$$r_{me}\theta'_{me} = mt_t \cdot e_\omega \times e_r - t_{me} \cdot e_\omega \times e_r \tag{2.128}$$

将式(2.121) 代入式(2.128) 可得

$$r_{me}\theta'_{me} = t_{mp} \cdot e_\omega \times e_r - t_{me} \cdot e_\omega \times e_r > 0 \tag{2.129}$$

根据式(2.128) 和式(2.129) 可知,$r_{me}\theta'_{me}$ 的最小值也是$(mt_t - t_{me}) \cdot e_\omega \times e_r$ 的最小值,由式(2.127) 可知

$$mt_t - t_{me} // e_\omega \times e_r \tag{2.130}$$

同时,考虑到 $r_{me}\theta'_{me} > 0$,结合式(2.80) 和式(2.130) 可知

$$(mt_t - t_{me} \cdot e_\omega \times e_r)_{\min} = |(mt_t - t_{me})|\,|e_\omega \times e_r|_{\_\min} = |(mt_t - t_{mt})|1 - m > 0 \tag{2.131}$$

即

$$r_{me}\theta'_{me} = t_{mp} \cdot e_\omega \times e_r - t_{me} \cdot e_\omega \times e_r = 1 - m > 0 \tag{2.132}$$

如果弹目拦截的初始条件满足

$$0 < r_0\theta'_0 = t_{mp0} \cdot e_{\omega 0} \times e_{r0} - t_{m0} \cdot e_{\omega 0} \times e_{r0} < 1 - m \tag{2.133}$$

根据式(2.123) 可知,在拦截过程中,$r\theta'$ 值不断减小,并且小于$1-m$,说明 $r\theta'$ 的值不可能等于 $r_{me}\theta'_{me}$ 的值,即 $t_m \notin Q$,不会出现脱靶现象。

根据挠率指令的定义,其分母项应该不为零,即

$$b_m \cdot (e_\omega \times e_r) \neq 0 \tag{2.134}$$

为使拦截过程中不出现奇异现象,文献[123] 将式(2.133) 更改为

$$0 < r_0\theta'_0 = t_{mp0} \cdot e_{\omega 0} \times e_{r0} - t_{m0} \cdot e_{\omega 0} \times e_{r0} < b - m \tag{2.135}$$

其中，$m < b < 1$。

根据式(2.97)可知

$$-m < \boldsymbol{t}_{mp} \cdot \boldsymbol{e}_{\omega} \times \boldsymbol{e}_{r} < m \tag{2.136}$$

结合式(2.135)和式(2.136)可得

$$-b < \boldsymbol{t}_{mp} \cdot \boldsymbol{e}_{\omega} \times \boldsymbol{e}_{r} < m \tag{2.137}$$

如果初始条件满足

$$\boldsymbol{n}_{m0} \cdot (\boldsymbol{e}_{\omega 0} \times \boldsymbol{e}_{r0}) = a \neq 0 \tag{2.138}$$

并且 $a^2 + b^2 < 1$，根据向量在空间的关系可知

$$(\boldsymbol{t}_m \cdot \boldsymbol{e}_{\omega} \times \boldsymbol{e}_r)^2 + (\boldsymbol{n}_m \cdot \boldsymbol{e}_{\omega} \times \boldsymbol{e}_r)^2 + (\boldsymbol{b}_m \cdot \boldsymbol{e}_{\omega} \times \boldsymbol{e}_r)^2 = 1 \tag{2.139}$$

由于 $(\boldsymbol{t}_m \cdot \boldsymbol{e}_{\omega} \times \boldsymbol{e}_r)^2 < b^2$，$(\boldsymbol{n}_m \cdot \boldsymbol{e}_{\omega} \times \boldsymbol{e}_r)^2 = a^2$，因此有

$$(\boldsymbol{b}_m \cdot \boldsymbol{e}_{\omega} \times \boldsymbol{e}_r)^2 = 1 - (\boldsymbol{t}_m \cdot \boldsymbol{e}_{\omega} \times \boldsymbol{e}_r)^2 - (\boldsymbol{n}_m \cdot \boldsymbol{e}_{\omega} \times \boldsymbol{e}_r)^2 > 1 - a^2 - b^2 > 0 \tag{2.140}$$

如果初始条件满足

$$0 < r_0 \theta'_0 = \boldsymbol{t}_{mp0} \cdot \boldsymbol{e}_{\omega 0} \times \boldsymbol{e}_{r0} - \boldsymbol{t}_{m0} \cdot \boldsymbol{e}_{\omega 0} \times \boldsymbol{e}_{r0} = c < 1 - m \tag{2.141}$$

根据式(2.138)和式(2.141)得

$$(c + m)^2 + a^2 < 1 \tag{2.142}$$

如果弹目拦截过程中，初始条件满足式(2.138)、式(2.141)和式(2.142)，导弹按照式(2.106)和式(2.118)的制导曲率指令和挠率指令飞行，拦截过程中就不会出现奇异现象，视线角速率将随着弹目距离的接近逐渐趋于零值，并严格满足视线角速率表达式(2.111)，因此，拦截是否有效将受到初始条件的限制。

如果令挠率指令表达式(2.118)的分母项不为零，即

$$\boldsymbol{b}_m \cdot \boldsymbol{e}_{\omega} \times \boldsymbol{e}_r = \boldsymbol{b}_{m0} \cdot \boldsymbol{e}_{\omega 0} \times \boldsymbol{e}_{r0} = d \tag{2.143}$$

式(2.143)两边对弧长求微分，利用 *Frenet* 标架计算可得

$$\begin{aligned} & -\tau_m \boldsymbol{n}_m \cdot \boldsymbol{e}_{\omega} \times \boldsymbol{e}_r + \boldsymbol{b}_m \cdot (\boldsymbol{e}_{\omega} \times \boldsymbol{e}_r)' = 0 \quad \Rightarrow \\ & \tau_m \boldsymbol{n}_m \cdot \boldsymbol{e}_{\omega} \times \boldsymbol{e}_r = \boldsymbol{b}_m \cdot \boldsymbol{e}'_{\omega} \times \boldsymbol{e}_r - \theta' \boldsymbol{b}_m \cdot \boldsymbol{e}_r \quad \Rightarrow \\ & \tau_m = \frac{\boldsymbol{b}_m \cdot \boldsymbol{e}'_{\omega} \times \boldsymbol{e}_r}{\boldsymbol{n}_m \cdot \boldsymbol{e}_{\omega} \times \boldsymbol{e}_r} - \theta' \frac{\boldsymbol{b}_m \cdot \boldsymbol{e}_r}{\boldsymbol{n}_m \cdot \boldsymbol{e}_{\omega} \times \boldsymbol{e}_r} \end{aligned} \tag{2.144}$$

如果初始条件满足式(2.143)，而且满足下式：

$$(c + m)^2 + d^2 < 1 \tag{2.145}$$

结合式(2.139)可知

$$(\boldsymbol{n}_m \cdot \boldsymbol{e}_{\omega} \times \boldsymbol{e}_r)^2 = 1 - (\boldsymbol{t}_m \cdot \boldsymbol{e}_{\omega} \times \boldsymbol{e}_r)^2 - (\boldsymbol{b}_m \cdot \boldsymbol{e}_{\omega} \times \boldsymbol{e}_r)^2 > 1 - d^2 - b^2 > 0 \tag{2.146}$$

因此，此时满足 $\boldsymbol{n}_m \cdot \boldsymbol{e}_{\omega} \times \boldsymbol{e}_r \neq 0$。这样，在拦截的过程中，微分几何的制导曲率指令和挠率指令都将不奇异，k_m，τ_m 都能被很好地定义。

综上可知，当初始条件满足式(2.141)、式(2.143)和式(2.145)时，可以保证有效拦截目标。

2.4.5　微分几何制导指令时域化方法

本章 2.4.2 节和 2.4.3 节给出了制导曲率指令和制导挠率指令的计算方法。考虑到实际拦截中的地空导弹依靠舵执行机构调整导弹在空中的姿态，从而控制导弹朝着目标的方向飞行，因此，根据微分几何理论得到的曲率指令和挠率指令无法直接应用于现实中的地空导弹。同时，又考虑到传统导弹依靠空气动力学环境在空中运动，而通过微分几何得到的曲率 k_m 和

挠率 τ_m 分别沿着导弹运动轨迹的法向量 $\boldsymbol{n}$ 和副法向量 $\boldsymbol{b}$ 的方向，因此需要将制导曲率指令和挠率指令转化到拦截器的俯仰通道和偏航通道，成为拦截器可执行的指令过载。

根据文献[192]可知，在时域中，微分几何制导指令在 Frenet 标架中的表达式可表示为

$$a_{Fym}=k_m v_m^2/g \tag{2.147}$$

$$a_{Fzm}=\tau_m v_m^2/g \tag{2.148}$$

根据速度坐标系和 Frenet 标架的定义可知，速度坐标系的 Ox_3 方向与 Frenet 标架的切向量 t 方向一致，设 Oy_3 方向与 $\boldsymbol{n}$ 方向的夹角为 γ，如图 2.12 所示。

由速度坐标系和 Frenet 标架在空间的位置关系可知，其坐标转换矩阵满足

$$\boldsymbol{L}(\gamma)=\begin{bmatrix}1 & 0 & 0\\ 0 & \cos\gamma & \sin\gamma\\ 0 & -\sin\gamma & \cos\gamma\end{bmatrix} \tag{2.149}$$

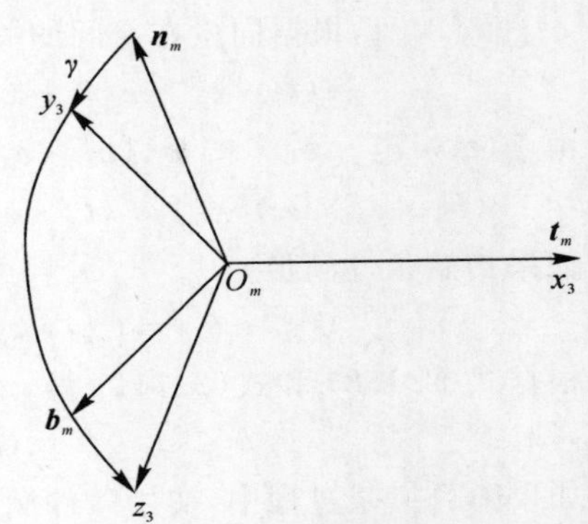

图 2.12　速度坐标系和 Frenet 标架间的几何关系

由式(2.149)可知，制导曲率指令和挠率指令转换到速度坐标系的表达式为

$$a_{ym}=a_{Fym}\cos\gamma+a_{Fzm}\sin\gamma \tag{2.150}$$

$$a_{zm}=-a_{Fym}\sin\gamma+a_{Fzm}\cos\gamma \tag{2.151}$$

传统的导弹控制是将俯仰通道指令 a_y 和偏航通道指令 a_z 施加在弹体坐标系中的，因此，将式(2.150)和式(2.151)从速度坐标系转化到弹体坐标系即可成为导弹可实现过载。

2.4.6　仿真结果及分析

为了分析设计的制导律在实际拦截场景中的变化规律，同时验证捕获条件的有效性，对目标按不同的位置、不同的机动方式分别仿真，并对比 PN 制导律进行制导性能分析。PN 和 DGG 的制导性能参数见表 2.2，其中，脱靶量和拦截时间均来自蒙特卡洛仿真。在弹目拦截的过程中，选取视线转率作为基准，同时选取导引头的测量误差为 0.01 °/s。

仿真 1：导弹的初始位置为(0,0,0)m，导弹的初始单位切向量为 $\boldsymbol{t}_{m0}=(0.7070,0.7070,0)$，单位法向量为 $\boldsymbol{n}_{m0}=(-0.707,0.707,0)$，单位副法向量为 $\boldsymbol{b}_{m0}=(0,0,1)$，导弹初始时刻的曲率和挠率分别为 $k_m=0,\tau_m=0$。目标在空间做水平圆弧形机动，目标位置为(8 000,8 000,0)m，初始单位切向量为 $\boldsymbol{t}_{t0}=(-1,0,0)$，单位法向量为 $\boldsymbol{n}_{t0}=(0,1,0)$，单位副法向量为 $\boldsymbol{b}_{t0}=(0,0,-1)$，机动曲率为 $k_t=0.000\,22$。目标速度为 300 m/s，弹目速度比 $m=2.385$。通过计算可知，初始时刻满足 $r_0\theta'_0=0.703\,5<1$ 时，满足捕获条件要求。仿真结果如表 2.2 和图 2.13 所示。

表 2.2　制导律拦截性能比较

	制导律	脱靶量/m	拦截时间/s
仿真 1	PN	5.683	13.243
	DGG	3.211	13.262
仿真 2	PN	6.232	14.821
	DGG	3.264	14.814

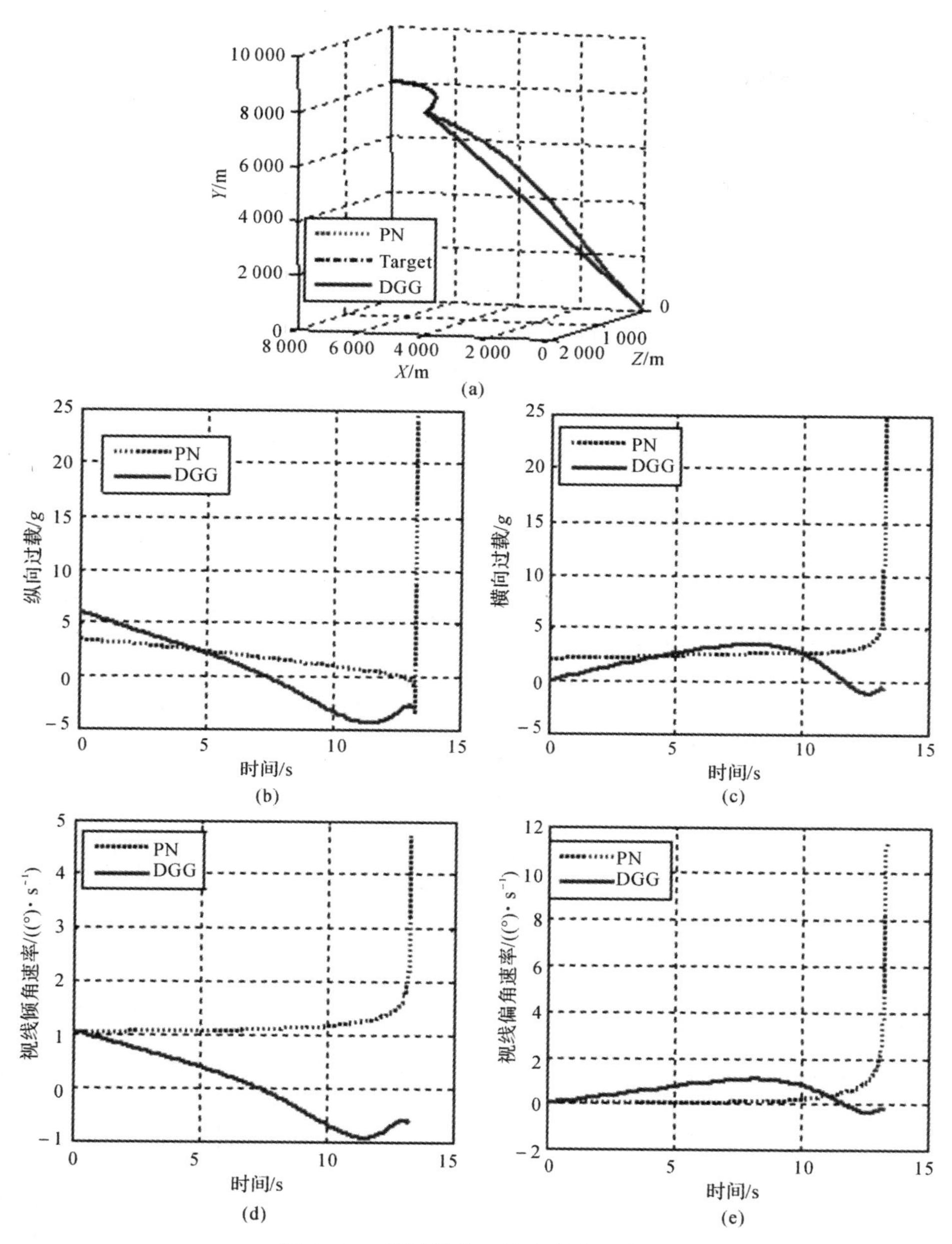

图 2.13　弹目拦截相关参数变化曲线

(a)三维弹道曲线；(b)纵向过载变化曲线；(c)横向过载变化曲线；(d) 视线倾角角速率曲线；(e)视线偏角角速率曲线

仿真 2：导弹初始位置坐标为(0,0,0)m，弹目相对距离为 15.54 km，视线方位角为 10°，视线高低角为 20°。导弹速度初始单位切向量 $\boldsymbol{t}_{m0}=(0.422\,7,0,0.906\,3)$，单位法向量 $\boldsymbol{n}_{m0}=(0,1,0)$，单位副法向量 $\boldsymbol{b}_{m0}=(-0.906\,3,0,0.422\,7)$；目标初始单位切向量 $\boldsymbol{t}_{t0}=(0.998\,6,-0.052\,3,0)$，单位法向量 $\boldsymbol{n}_{t0}=(0.052\,3,-0.998\,6,0)$，单位副法向量 $\boldsymbol{b}_{t0}=(0,0,-1)$，导弹曲率和挠率分别为 $k_m=0$，$\tau_m=0$。目标速度为 300 m/s，目标在空间做蛇形机动，其曲率和挠率为

$$\left.\begin{aligned} k_t &= 0.000\ 22\mathrm{sign}(\sin(\pi t/8)) \\ \tau_t &= 0.000\ 22\mathrm{sign}(\sin(\pi t/8)) \end{aligned}\right\} \tag{2.152}$$

由计算可知：$r_0\theta'_0 = 0.68$，满足捕获条件。仿真结果如表 2.2 和图 2.14 所示。

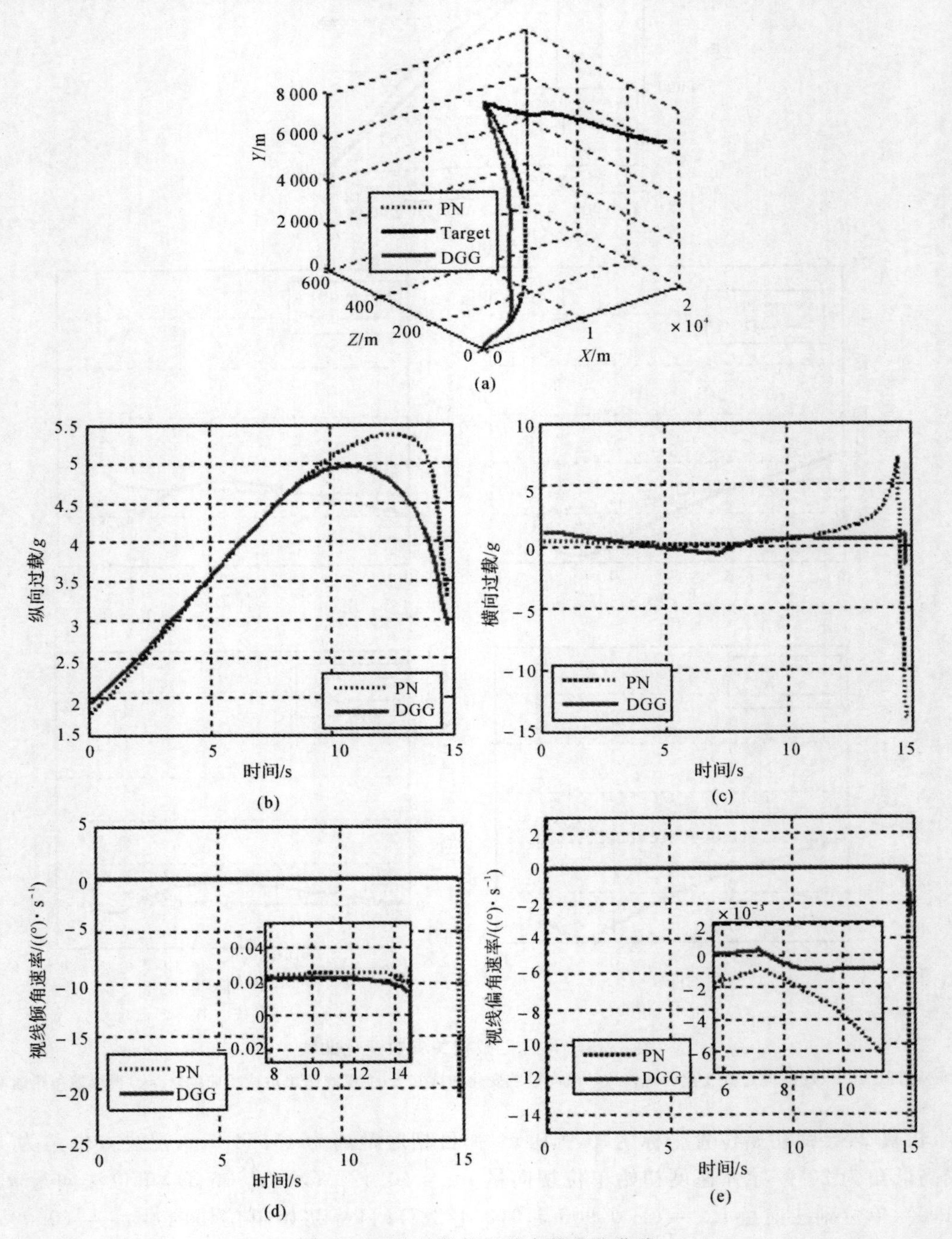

图 2.14 弹目拦截相关参数变化曲线

(a)三维弹道曲线；(b)纵向过载变化曲线；(c)横向过载变化曲线；
(d) 视线倾角角速率曲线；(e)视线偏角角速率曲线

由 DGG 和 PN 制导性能参数比较表 2.2 可知，两者的拦截时间大致相当，相对于 PN 制导，DGG 制导精度明显有较大提高。

根据仿真图 2.13(a)和 2.14(a)可以看出，采用 DGG 和 PN 制导时的弹道都较为弯曲。两次仿真结果图 2.14(b)和 2.14(c)表明：在拦截的初始阶段，DGG 利用较大的过载调整姿态，补偿由目标机动引起的视线角速率变化，使得拦截末段视线角速率变化较小；而采用 PN 制导时，在拦截的初始阶段，导弹没有及时补偿目标机动信息，造成了制导后期的强制补偿，从而使得弹道较为弯曲；同时可以看出，DGG 制导时的过载变化较为平稳，整体幅值变化较小，克服了末端过载急剧增加的问题，这在一定程度上减小了对导弹设计的要求。根据图 2.13 和图 2.14 的视线角速率随时间变化图(d)和(e)可知，新设计的 DGG 制导律能够有效抑制视线的旋转，使得在拦截的末段，视线角速率虽有较大变化，但幅值较小；而传统的 PN 制导律的视线角速率在进入拦截的末段后不断增大，在拦截的最后时刻，视线角速率达到最大值，这也是导致脱靶量在末端较大的主要原因。

2.5　本章小结

首先，本章分析了二维平面内的弹目拦截关系，基于零化视线角速率的思想，针对机动目标和非机动目标分别设计了导弹切向量的表达式，并结合 Lyapunov 定理对其稳定性进行推导证明。其次，结合虚拟指向速度的概念，在三维空间中设计了导弹轨迹的曲率和挠率表达式，为有效实施设计的制导指令，给出了制导指令由弧长域向时域转化的计算方法，同时，为克服拦截过程中出现的曲率指令和挠率指令奇异现象发生，对制导指令的捕获条件进行了研究。最后，通过仿真对比了微分几何制导律与比例导引制导律的性能。结果表明，微分几何制导律在末制导开始时刻对目标机动具有明显的补偿能力，减小了命中点附近导弹过载饱和的可能，大大提高了导弹对机动目标的拦截能力。

第3章　时域内微分几何制导律

本章对时域内微分几何制导律的捕获性能进行了研究。首先，分析了弹目交战的几何关系，建立了弹目相对运动学模型，在时域中设计了微分几何制导算法。其次，建立了相对速度坐标系，基于此坐标系，对机动目标和非机动目标分别进行捕获性能研究，给出了导弹命中目标的捕获条件；同时，将 Chiou 和 Kuo 描述的不同情况下的弹目交战关系映射到相对速度坐标系中，对比两种方法的增益系数，分析增益系数的大小对制导性能的影响。最后，通过仿真验证了捕获条件的有效性。

3.1　引　　言

第 2 章在 Frenet 标架中推导了二维和三维微分几何制导律，并且在弧长域中对三维微分几何制导律的捕获能力进行研究。以往文献对捕获条件的研究主要是针对比例导引及其变形形式，如 A. Dhar 在极坐标平面内，根据弹目拦截状态方程，求取捕获方程表达式，分析纯比例导引律(TPN)的捕获条件[160]，Yang 和 Chern 研究了 TPN 的比例系数与捕获区域的关系[155]，文献[156]中，作者用一种统一的方法描述了六种典型的比例导引律，得到了它们的解析解，并通过引入一个角动量参数，将“捕获区域”的问题转化为“捕获长度”的问题，方法比较简单；Song 和 Ha 通过 Lyapunov 方法对三维空间中的 PN 制导律的捕获能力进行了研究，获取了拦截机动目标的捕获条件[169]。

随着几何理论在制导领域的应用，基于几何理论的制导技术研究受到越来越多的关注。C. Y. Li 利用几何的方法对 PN 制导律进行了研究，将捕获条件表示为弹目运动构成的几何角与弹目相对运动参数的函数[142]。Y. C. Chiou 和 C. Y. Kuo 基于 Frenet 坐标系和虚拟导弹速度概念给出了弧长系下二维平面的微分几何制导曲率指令，并给出了一系列假设条件下的初始捕获条件[121-122]，由于 C. Y. Kuo 的假设基于导弹速度大于目标速度，文献[143]对文献[122]中的条件进行了拓宽，在 Frenet 坐标系中利用微分几何理论重新推导了当导弹速度小于目标速度时的制导曲率指令，并给出了时域中拦截高速机动目标的捕获条件和奇异条件。文献[130－131]中，英国克兰菲尔大学作者 B. A. White 基于古典微分几何的曲率理论，推导出一种可直接碰撞的制导算法，并给出了一种针对非机动目标的普适的捕获条件，但没有对机动目标做进一步研究。张友安和胡云安教授基于 Frenet 坐标系将微分几何理论与 Lyapunov 稳定定理结合得到一种新的几何制导算法[133-134]，该方法克服了传统比例导引律末端过载饱和的缺陷，对机动目标拦截有较好的鲁棒性，并给出了制导律的捕获条件。

基于 Frenet 坐标系得出的微分几何制导律结构类似于带有时变比例系数的比例导引律[121-122]，其捕获条件的获得主要是基于 Frenet 坐标系研究导弹速度矢量的旋转速度与弹目视线旋转角速度的关系，推导较为复杂，并需要将弧长域中得出的制导指令转换到时域中，因此利用弧长域得出的制导曲率指令在现实工程应用中存在很大的局限性。

本章首先根据弹目相对运动关系，给出时域下微分几何制导指令，建立弹目相对速度坐标系，并基于此坐标系对弹目相对运动轨迹区域进行了分割，对不同区域导弹捕获目标的充分条件进行了详细的推导证明，避免了弧长域中的复杂推导过程。另外，将设计的充分条件与Chiou和Kuo的研究进行了对比分析，最后的仿真表明，当弹目初始信息位于不同区域时，根据给定的充分条件，导弹能够捕获目标，并具有较高的制导精度。

3.2　时域内微分几何制导律

导弹拦截目标场景如图3.1所示，坐标系为惯性坐标系，导弹和目标都看作质点，分别位于M点和T点，速度分别为v_m，v_t，θ_m表示导弹弹道倾角，θ_t为目标弹道倾角，虚拟导弹速度v_{mp}方向沿着直接碰撞方向[167]，其大小与实际导弹速度大小相同，θ_{mp}为虚拟导弹弹道倾角，θ_{tl}和θ_{ml}表示目标和导弹速度与视线的夹角。

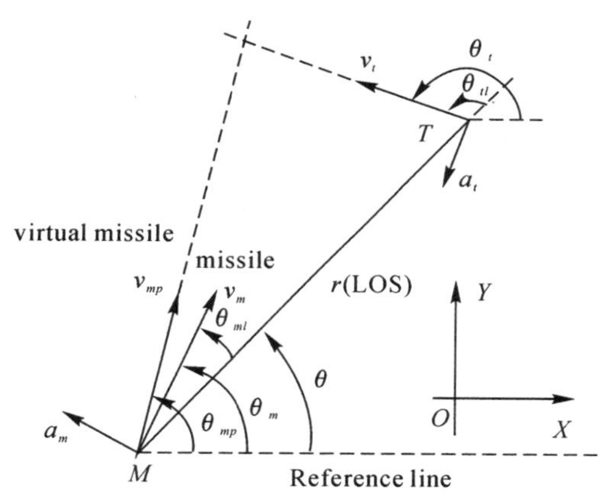

图3.1　平面弹目拦截场景图

导弹和目标的运动学方程可以表示为

$$\dot{x}_m = v_m\cos\theta_m = v_m\cos(\theta + \theta_{ml}) \tag{3.1}$$

$$\dot{y}_m = v_m\sin\theta_m = v_m\sin(\theta + \theta_{ml}) \tag{3.2}$$

$$\dot{\theta}_m = a_m / v_m \tag{3.3}$$

$$\dot{x}_t = v_t\cos\theta_t = v_t\cos(\theta + \theta_{tl}) \tag{3.4}$$

$$\dot{y}_t = v_t\sin\theta_t = v_t\sin(\theta + \theta_{tl}) \tag{3.5}$$

$$\dot{\theta}_t = a_t / v_t \tag{3.6}$$

弹目相对速度沿着视线方向和垂直于视线方向可以表示为

$$v_\theta = r\dot{\theta} = v_t\sin(\theta_t - \theta) - v_m\sin(\theta_m - \theta) \tag{3.7}$$

$$v_r = \dot{r} = v_t\cos(\theta_t - \theta) - v_m\cos(\theta_m - \theta) \tag{3.8}$$

在导弹攻击目标过程中，要实现直接碰撞，需满足直接碰撞过程条件$v_\theta = 0$，即

$$v_t\sin(\theta_t - \theta) = v_{mp}\sin(\theta_{mp} - \theta) = v_m\sin(\theta_{mp} - \theta) \tag{3.9}$$

对式(3.9)两边求微分，并结合式(3.3)和式(3.6)可得

$$v_t\sin(\theta_t - \theta)\left[\frac{a_t}{v_t} - \dot{\theta}\right] = v_{mp}\sin(\theta_{mp} - \theta)\left[\frac{a_{mp}}{v_m} - \dot{\theta}\right] \tag{3.10}$$

其中，$\dot{\theta}$为视线角速度；a_{mp}为虚拟导弹加速度，其方向垂直于v_{mp}，将式(3.10)变形可以得到

a_{mp} 的表达式如下：

$$a_{mp}=-\frac{\dot{r}_{mp}\dot{\theta}}{\cos(\theta_{mp}-\theta)}+\frac{a_t\cos(\theta_t-\theta)}{\cos(\theta_{mp}-\theta)} \tag{3.11}$$

其中，r_{mp} 为虚拟导弹和目标的相对距离，对于实际交战中的导弹制导指令[121]，可以在式(3.11)第一项乘以制导增益系数 A，即实际导弹制导指令可以表示为

$$a_m=-\frac{A\dot{r}\dot{\theta}}{\cos(\theta_m-\theta)}+\frac{a_t\cos(\theta_t-\theta)}{\cos(\theta_m-\theta)} \tag{3.12}$$

其中，a_m 垂直于导弹速度方向 v_m。式(3.12)与文献[121-122]中在弧长域下推导得到的导弹制导指令一致，因此称式(3.12)为时域内的微分几何制导指令。由式(3.12)可知第一项形式是系数大小为 $N=-A/\cos(\theta_m-\theta)$ 的比例导引律形式，第二项是与目标机动加速度 a_t 成比例的项。本章将对式(3.12)的捕获能力进行分析。

3.3 建立相对速度坐标系

根据图 3.1 中弹目拦截几何关系可知，弹目相对运动学方程可表示为

$$v_\theta=r\dot{\theta}=v_t\sin\theta_{tl}-v_m\sin\theta_{ml} \tag{3.13}$$

$$v_r=\dot{r}=v_t\cos\theta_{tl}-v_m\cos\theta_{ml} \tag{3.14}$$

其中，$\theta_{tl}=\theta_t-\theta$，$\theta_{ml}=\theta_m-\theta$。

定义 3.1 以 O 为原点，v_θ 为横坐标，v_r 为纵坐标建立的平面坐标系定义为相对速度坐标系。

将式(3.13)和式(3.14)二次方后相加可得

$$v_r^2+v_\theta^2=v_t^2+v_m^2-2v_tv_m\cos(\theta_{tl}-\theta_{ml}) \tag{3.15}$$

假设 $v_m>v_t$，则由式(3.15)可以得到导弹在攻击目标的过程中，其运动轨迹在($\boldsymbol{v}_\theta$，$\boldsymbol{v}_r$)坐标系中所处的区域即图 3.2 中的整个圆环形区域。

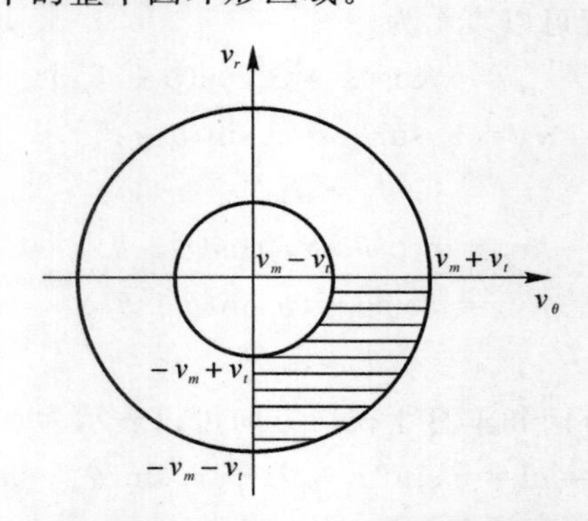

图 3.2 相对速度坐标系中的运动轨迹区域图

对式(3.13)和式(3.14)两边求微分并结合式(3.7)和式(3.12)可得

$$r\dot{v}_\theta=v_\theta v_r(A-1) \tag{3.16}$$

$$r\dot{v}_r=v_\theta(v_\theta-Av_r\tan\theta_m) \tag{3.17}$$

考虑到导弹拦截目标过程中，轨迹可在图 3.2 圆环形内部的任何区域，为简化分析，以下仅对图 3.2 所示区域阴影进行分析，当 $v_\theta<0$，$v_r<0$ 时，分析方法相同。

3.4　基于相对速度坐标系的捕获条件研究

3.4.1　针对非机动目标捕获条件研究

文献[121] 基于 Frenet 坐标系推导得出导弹捕获目标的初始条件，本节将在相对速度坐标系中推导导弹捕获目标的初始条件。为简化推导，导弹和目标速率假定为常值。

对式(3.7) 两边求微分并结合式(3.12) 可得

$$r\ddot{\theta}+2\dot{r}\dot{\theta}=-\cos(\theta_m-\theta)\left[\frac{-A\dot{r}\dot{\theta}}{\cos(\theta_m-\theta)}+\frac{a_t\cos(\theta_t-\theta)}{\cos(\theta_m-\theta)}\right]+a_t\cos(\theta_t-\theta)=A\dot{r}\dot{\theta}\quad(3.18)$$

在式(3.18) 中，将 θ 看成 r 的函数，根据微分方程理论得

$$\dot{\theta}=\dot{\theta}_0\ (r/r_0)^{A-2}\tag{3.19}$$

其中，$\dot{\theta}_0$ 是初始视线角速率；r_0 是弹目初始距离。由式(3.19) 可以看出该式不含有目标机动加速度 a_t，当 $A>2$ 并且 $r\to0$ 时，$\dot{\theta}\to0$，$\dot{\theta}$ 的正负由初始视线角速度 $\dot{\theta}_0$ 的正负决定。

若目标不机动且 $A>2$，由式(3.12) 和式(3.19) 可知，导弹制导过载随着弹目相对距离的减小递减，当弹目相对距离趋于零时，指令过载也趋近于零。

定理 3.1：若 $A>1$，在相对速度坐标系中，初始条件满足 $0<v_{\theta_0}<v_m-v_t$，$v_{r_0}<0$(如图 3.3 中的区域 R_1)，则能保证导弹捕获目标。

证明　当 $A>1$，$v_{\theta_0}>0$ 且 $v_{r_0}<0$ 时，根据式(3.16) 可知方程右边小于 0，故 v_θ 是关于时间递减函数。在区域 R 中，若 $v_r=0$，则 v_θ 在区间 $[v_m-v_t,v_m+v_t]$，又因为 $v_{\theta_0}<v_m-v_t$，v_θ 是关于时间递减函数，故在整个弹目交战过程中，$v_r\neq0$，即 $v_r<0$，因此能够保证导弹捕获目标。

考虑到(v_θ,v_r) 的初始值不在图 3.3 中的区域 R_1 时，有可能进入半圆形区域 R_3，此时存在 $v_r=0$ 的情况，有可能导致脱靶，因此，推导导弹捕获目标的初始条件时，将图 3.3 中 R_3 区域与 R_2 区域分别进行推导。半圆形边界 SC 可以表示为

$$(v_\theta-v_m)^2+v_r^2=v_t^2,\quad v_\theta>0,\quad v_r<0\tag{3.20}$$

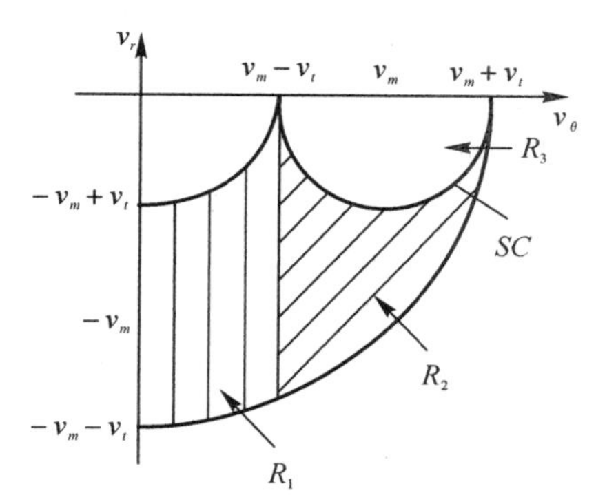

图 3.3　相对速度坐标系的区域分割图

由式(3.13) 和式(3.14) 可得

$$(v_\theta+v_m\sin\theta_{ml})^2+(v_r+v_m\cos\theta_{ml})^2=v_t^2\tag{3.21}$$

以 $\cos\theta_{ml}$ 为变量将式(3.21)变形可得

$$4v_m^2(v_\theta^2+v_r^2)\cos^2\theta_{ml}-4v_rv_m(v_t^2-v_\theta^2-v_m^2-v_r^2)\cos\theta_{ml}+(v_t^2-v_\theta^2-v_m^2-v_r^2)^2-4v_\theta^2v_m^2=0 \tag{3.22}$$

求解式(3.22)可得

$$\cos\theta_{ml}=\frac{k_2\pm\sqrt{(k_2^2-4k_1k_3)}}{2k_1} \tag{3.23}$$

$$\sin\theta_{ml}=\frac{k_4\pm\sqrt{(k_4^2-4k_1k_5)}}{2k_1} \tag{3.24}$$

其中

$$\left.\begin{aligned}
k_1&=4v_m^2(v_\theta^2+v_r^2)\\
k_2&=4v_rv_m(v_t^2-v_\theta^2-v_m^2-v_r^2)\\
k_3&=(v_t^2-v_\theta^2-v_m^2-v_r^2)^2-4v_\theta^2v_m^2\\
k_4&=4v_\theta v_m(v_t^2-v_\theta^2-v_m^2-v_r^2)^2\\
k_5&=(v_t^2-v_\theta^2-v_m^2-v_r^2)^2-4v_r^2v_m^2
\end{aligned}\right\} \tag{3.25}$$

由式(3.20)可知,半圆形 SC 边界可表示为

$$(v_t^2-v_\theta^2-v_m^2-v_r^2)=-2v_\theta v_m \tag{3.26}$$

将式(3.26)代入式(3.25)可得到含 θ_{ml} 解的三角函数表达式

$$\begin{aligned}\cos\theta_{ml}&=0\\ \sin\theta_{ml}&=1\end{aligned} \tag{3.27}$$

或

$$\begin{aligned}\cos\theta_{ml}&=-2v_\theta v_r/(v_\theta^2+v_r^2)\\ \sin\theta_{ml}&=(-v_\theta^2+v_r^2)/(v_\theta^2+v_r^2)\end{aligned} \tag{3.28}$$

因此可知 $\tan\theta_{ml}\to-\infty \Rightarrow \theta_{ml}\to 3\pi/2$

或 $\tan\theta_{ml}=(v_\theta^2-v_r^2)/(2v_\theta v_r)$

下面对 θ_{ml} 的两个解分别讨论。

1. $\theta_{ml}\to 3\pi/2$

当 $\theta_{ml}\to 3\pi/2$ 时,根据式(3.13)、式(3.14)和式(3.20)可知,此时 $\theta_{tl}\in(\pi/2,3\pi/2)$,因此导弹拦截目标场景示意图可表示为图 3.4。

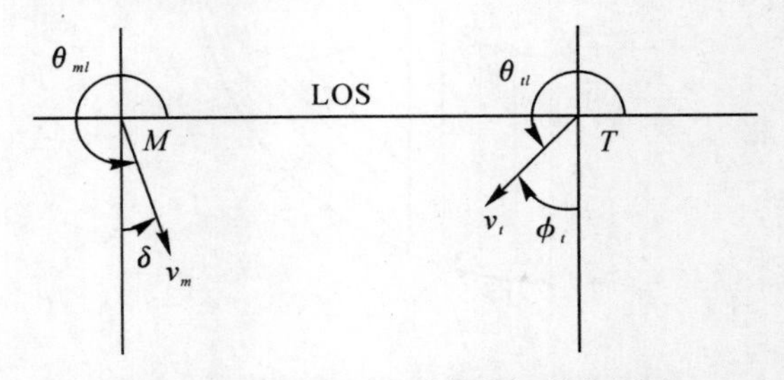

图 3.4 区域 R_2 导弹拦截场景分析图

其中,$0<\phi_t<\pi$,沿逆时针方向为正,δ 是一个很小的正角,沿着顺时针方向为正,由此可以得到

$$\left.\begin{aligned} v_\theta &= v_t \sin\theta_{tl} - v_m \sin\theta_{ml} = v_m \cos\delta - v_t \cos\phi_t \\ v_r &= v_t \cos\theta_{tl} - v_m \cos\theta_{ml} = -(v_m \sin\delta + v_t \sin\phi_t) \end{aligned}\right\} \tag{3.29}$$

将式(3.29)代入式(3.17)可以得到

$$r\dot{v}_r = v_\theta [v_m \cos\delta - v_t \cos\varphi_t + A v_r \tan(\pi/2 - \delta)] = v_\theta P \tag{3.30}$$

其中

$$P = v_m \cos\delta - v_t \cos\phi_t + A v_r \tan(\pi/2 - \delta) \tag{3.31}$$

又因为 $v_\theta > 0$，所以 P 决定 $\dot{v}_r$ 的正负。

当 $\delta \to 0$ 时，可知满足式(3.32)

$$P|_{\delta\to 0} = (1 - A) v_m - v_t \cos\phi_t - A v_t \sin\phi_t / \delta \tag{3.32}$$

当 $\phi_t \in (0, \pi)$ 时，$\sin\varphi_t > 0$，当 $\delta \to 0$ 时 $\dot{v}_r \to -\infty$，因 $v_{r_0} < 0$ 并且为递减函数，所以当 $\theta_m \to 3\pi/2$ 时，相对运动轨迹不会进入半圆形边界 SC 内部。

2. $\tan\theta_{ml} = (v_\theta^2 - v_r^2)/(2 v_\theta v_r)$

要使弹目相对运动轨迹不进入半圆形区域 R_3，需要满足下式：

$$\left.\frac{\mathrm{d}v_r}{\mathrm{d}v_\theta}\right|_{\mathrm{traj}} > \left.\frac{\mathrm{d}v_r}{\mathrm{d}v_\theta}\right|_{\mathrm{SC}} \tag{3.33}$$

根据式(3.16)和式(3.17)可得

$$\left.\frac{\mathrm{d}v_r}{\mathrm{d}v_\theta}\right|_{\mathrm{traj}} = \frac{v_\theta - A v_r \tan\theta_{ml}}{(A - 1) v_r} \tag{3.34}$$

在半圆形区域 R_3 边界 SC 上可以表示为

$$\left.\frac{\mathrm{d}v_r}{\mathrm{d}v_\theta}\right|_{\mathrm{SC}} = -\frac{v_\theta + v_m}{v_r} \tag{3.35}$$

将式(3.34)和式(3.35)代入式(3.33)并化简得

$$A > 2 v_\theta v_m / (v_m^2 - v_t^2) \tag{3.36}$$

由式(3.16)知 $\dot{v}_\theta < 0$，v_θ 的最大值是 v_{θ_0}，因此，式(3.36)成立的充分条件可以表示为

$$A > 2 v_{\theta_0} v_m / (v_m^2 - v_t^2) \tag{3.37}$$

当 v_{θ_0} 取最大边界值 $v_{\theta_{0\max}} = v_t + v_m$ 时，可得导弹捕获目标的充分条件为

$$A > 2/(1 - m) \tag{3.38}$$

其中，$m = v_t / v_m < 1$。

定理 3.2：若导弹和目标交会的初始相对信息位于区域 R_2，并且满足 $A > 2 v_\theta v_m / (v_m^2 - v_t^2)$，则能够保证导弹捕获目标。

证明　当弹目交会初始位置在区域 R_2，轨迹接近半圆形区域 R_3 时，即 $\theta_{ml} \to 3\pi/2$ 或者 $\tan\theta_{ml} = (v_\theta^2 - v_r^2)/(2 v_\theta v_r)$，根据以上推导可知，$A > 2 v_{\theta_0} v_m / (v_m^2 - v_t^2)$ 是弹目轨迹不进入 SC 边界的充分条件，而由式(3.16)可知 $\dot{v}_\theta < 0$，即 v_θ 为递减函数，故随着时间变化，v_θ 将从 $[v_m - v_t, v_m + v_t]$ 区间进入 $[0, v_m - v_t]$ 区间，即弹目轨迹能够最终进入区域 R_1，根据定理 3.1 能够保证导弹捕获目标。

证毕。

定理 3.3：若初始弹目交会时，$v_{r_0} > 0$，则导弹不能捕获目标。

证明：如果 $v_{r_0} > 0$，那么导弹捕获目标必须经过 $v_r = 0$ 点的坐标，而由式(3.17)可知当 $v_r = 0$ 时，$\dot{v}_r > 0$，因此不可能出现 $v_r < 0$ 情况，故导弹不可能捕获目标。

证毕。

定义 3.2：当导弹和目标的相对运动轨迹初始位置(v_{θ_0},v_{r_0})在区域 R_3 时，原点与该点连线的斜率定义为 p(如图 3.5 的直线 SL 斜率)，即 $p=-v_{r_0}/v_{\theta_0}$。

定理 3.4：如果(v_{θ_0},v_{r_0})在半圆形区域 R_3 内部时，即

$$\{(v_{\theta_0},v_{r_0}):(v_{\theta_0}-v_m)^2+v_{r_0}^2\leqslant v_t^2,v_{\theta_0}\geqslant 0,v_{r_0}<0\}$$

那么导弹能够捕获目标的充分条件是 $A>1+(1/p)(m/\sqrt{1-m^2})$。

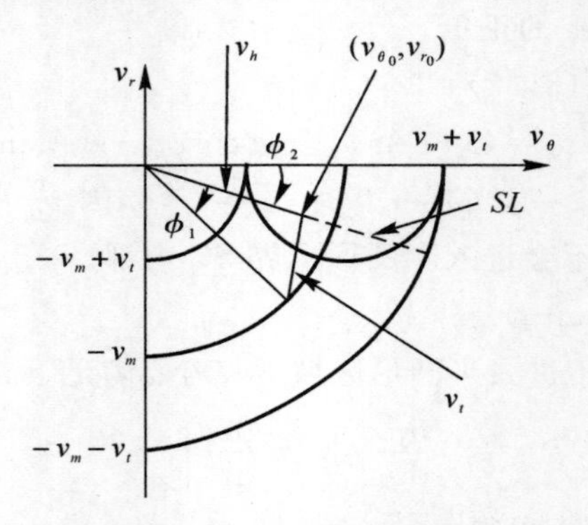

图 3.5　R_3 内部分析图

证明：同区域 R_3 的边界 SC 分析类似，要使相对运动轨迹不到达 $v_{\theta_0}=0$ 的区域，需要满足

$$\left.\frac{dv_r}{dv_\theta}\right|_{\text{traj}}>\left.\frac{dv_r}{dv_\theta}\right|_{\text{SC}} \tag{3.39}$$

即满足下式：

$$-p<\frac{v_\theta-Av_r\tan\theta_{ml}}{(A-1)v_r}\quad\Rightarrow\quad p>\frac{v_\theta-Av_r\tan\theta_{ml}}{(A-1)(-v_r)} \tag{3.40}$$

在相对速度坐标系中，对于满足式(3.21)的方程式，存在如下关系式：

$$\theta_{ml}=\phi_1+\phi_2-(\pi/2) \tag{3.41}$$

其中，ϕ_1，ϕ_2 为图 3.5 中表示。因此有式(3.42)成立

$$\tan\theta_{ml}=-\cot(\phi_1+\phi_2) \tag{3.42}$$

将式(3.42)代入式(3.40)可得

$$p>\frac{v_\theta+Av_r\cot(\phi_1+\phi_2)}{(A-1)(-v_r)} \tag{3.43}$$

由图 3.5 可知：$\tan\phi_2=-v_r/v_\theta$，结合式(3.21)，简化式(3.43)可得

$$\begin{aligned}&A>\frac{(v_\theta+p^2v_\theta)(v_\theta\tan\phi_1+pv_\theta)}{pv_\theta(v_\theta+p^2v_\theta)}\quad\Rightarrow\\&A>\frac{v_\theta\tan\phi_1+pv_\theta}{pv_\theta}\quad\Rightarrow\\&A>1+\frac{\tan\phi_1}{p}\end{aligned} \tag{3.44}$$

在图 3.5 中，由余弦定理可知

$$\cos\phi_1=\frac{v_m^2+v_h^2-v_t^2}{2v_mv_h} \tag{3.45}$$

当 $v_h=\sqrt{v_m^2-v_t^2}$ 时，$\cos\phi_1$ 可以取得最小值，此时 $\tan\phi_1$ 取得最大值，因此有

$$\tan\phi_1=m/\sqrt{1-m^2} \tag{3.46}$$

将式(3.46)代入式(3.44)得到导弹捕获目标的充分条件为

$$A>1+\left(\frac{1}{p}\right)\frac{m}{\sqrt{1-m^2}} \tag{3.47}$$

证毕。

由式(3.47)可知制导增益 A 与 p 成反比，并且当 $v_r\rightarrow 0$ 时，$A\rightarrow\infty$。

从定理3.1到定理3.4可知，合理选择制导增益 A 可以保证导弹捕获目标，且当相对运动轨迹接近 $v_r=0$ 时，制导增益 $A\rightarrow\infty$。

3.4.2　微分几何制导律捕获条件对比分析

C. Y. Kuo在文献[122]中对微分几何制导律的捕获条件进行了分析，在此以 A_G 表示文献[122]中的制导增益系数，以 A_R 表示本书的制导增益系数。在表3.1中，首先，将C. Y. Kuo描述的不同情况下的交战几何图映射到相对速度坐标系中，然后，对比两者的增益系数，分析增益系数的大小对制导性能的影响。

表3.1　制导增益系数对比

交战几何图	RvC中映射区域图	C. Y. Kuo等制导增益系数	本章制导增益系数	对比图
A和F	图3.7(b)，3.8	$\frac{A_G r'_0}{\cos\theta_{ml_0}}<-1, A_G>\frac{1}{1-m}\Rightarrow$ $A_G>\max\left\{\frac{v_m\cos\theta_{ml_0}}{-v_{r_0}},\frac{1}{1-m}\right\}$	$A_R>\max\left\{1,\frac{2v_{\theta_0}v_m}{v_m^2-v_t^2}\right\}$	图3.10
D	图3.12(a)	$\frac{A_G r'_0}{\cos\theta_{ml_0}}<-1, A_G>\frac{1}{1-m}\Rightarrow$ $A_G>\max\left\{\frac{v_m\cos\theta_{ml_0}}{-v_{r_0}},\frac{1}{1-m}\right\}$	$A_R>\max\left\{1,\frac{2v_{\theta_0}v_m}{v_m^2-v_t^2}\right\}$	图3.12(a)
E	图3.12(b)	$\cos^{-1}\left(\frac{mA_G}{A_G-1}\right)-\theta_{m_0}<(A_G-1)(\theta_{t_0}-\pi/2)$ 且 $A_G>\frac{1}{1-m}$	$A_R>\max\left\{1,\frac{2v_{\theta_0}v_m}{v_m^2-v_t^2}\right\}$	图3.12(b)
B	图3.14(a)	$\cos\theta_{ml_0}>\frac{mA_G}{A_G-1}, A_G>\frac{1}{1-m}\Rightarrow$ $A_G>\max\left\{\frac{v_m\cos\theta_{ml_0}}{v_m\cos\theta_{ml_0}-v_t},1-\frac{1}{1-m}\right\}$	$A_R>1+\left(\frac{1}{p}\right)\frac{m}{\sqrt{1-m^2}}$	图3.15(a)和(b)
C	图3.14(b)	$\frac{A_G r'_0}{\cos\theta_{ml_0}}<-1, A_G>\frac{1}{1-m}\Rightarrow$ $A_G>\max\left\{\frac{v_m\cos\theta_{ml_0}}{-v_{r_0}},\frac{1}{1-m}\right\}$	$A_R>1+\left(\frac{1}{p}\right)\frac{m}{\sqrt{1-m^2}}$	图3.15(a)和(b)

1. 弹目交战图映射到相对速度坐标系

由于文献[122]和本章基于相对速度坐标系对捕获条件分析的思路不同，需要将文献[122]中的弹目交战几何关系映射到相对速度坐标系中。首先分析图3.6中A和F与相对速度坐标系的关系，其他相同。根据图3.6的A和F中导弹与目标的速度方向关系可知，$0 \leqslant \theta_{tl} \leqslant \pi$，$0 \leqslant \theta_{ml} < \pi/2$，根据式(3.13)和式(3.14)可知

$$(v_\theta - v_t \sin\theta_{tl})^2 + (v_r - v_t \cos\theta_{tl})^2 = v_m^2 \tag{3.48}$$

式(3.48)描述了交战几何图3.6中A和F在相对速度坐标系中的映射关系，其表示以$(v_t \sin\theta_{tl}, v_t \cos\theta_{tl})$为变圆心，以$v_m$为固定半径的弧长区域。对于固定的$\theta_{tl}$值，当$\theta_{ml}$变化时，对应的一段弧长如图3.7(a)所示。

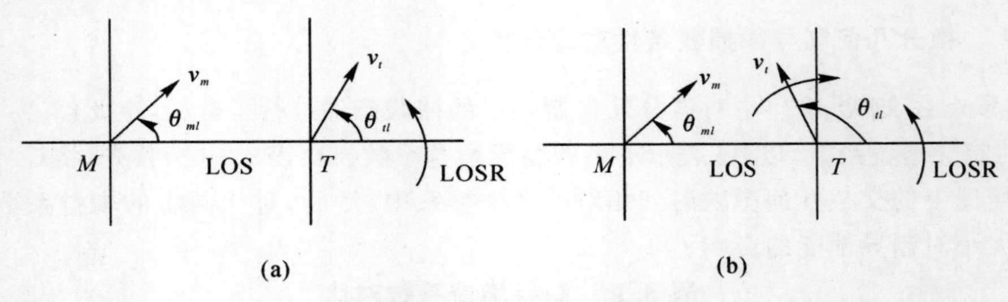

图3.6 弹目交战几何关系图

(a) A； (b) F

当目标和导弹的速度比值$m \leqslant 0.5$时，满足$v_t \leqslant v_m - v_t$，此时交战几何关系图图3.6中的A和F映射到相对速度坐标系中的捕获区域R_1中，如图3.7(b)所示。当$m > 0.5$时，交战几何关系图(见图3.6)中的A和F映射到相对速度坐标系的区域R_2中，如图3.8所示，图3.7(b)和图3.8中的阴影部分表示交战几何关系图(见图3.6)中的A和F在相对速度坐标系中的映射区域。

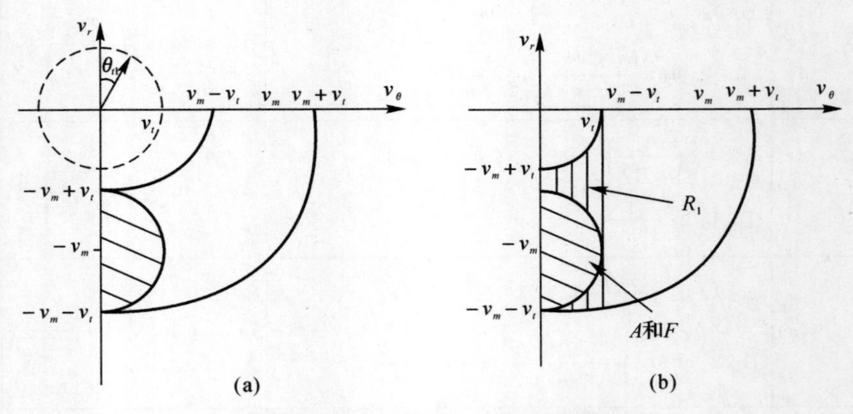

图3.7 弹目交战在RVC映射区域

(a) 弹目交战在RVC映射区域； (b) $m \leqslant 0.5$时RVC映射区域

2. 充分条件对比分析

(1) 弹目交战图A和F。根据文献[122]和交战几何关系图(见图3.6)可知

$$A_G > \max\left\{\frac{1}{1-m}, \frac{v_m \cos\theta_{ml0}}{|v_{r_0}|}\right\} \tag{3.49}$$

$$A_R > \max\left\{1, \frac{2v_{\theta_0} v_m}{v_m^2 - v_t^2}\right\} \tag{3.50}$$

由于 $0 \leqslant \theta_{tl} \leqslant \pi$，$0 \leqslant \theta_{ml} < \pi/2$，当 $\theta_{m_0}=0$，$\theta_{t_0}=\pi/2$ 时，对导弹拦截目标的要求最为苛刻，需要最大的 A_R 值，简化的拦截关系如图 3.9 所示，

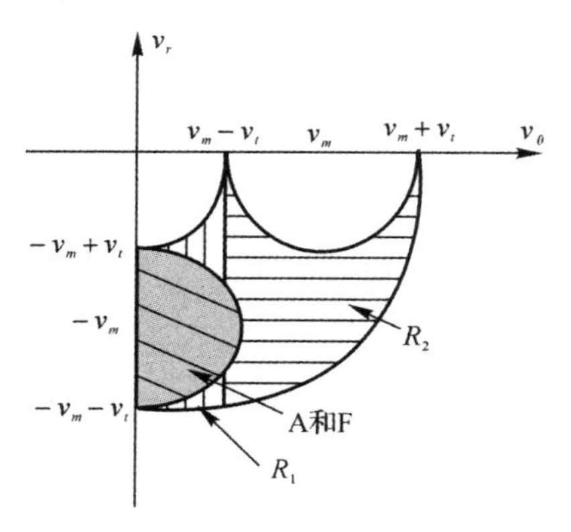

图 3.8　当 $m>0.5$ 时 RVC 映射关系

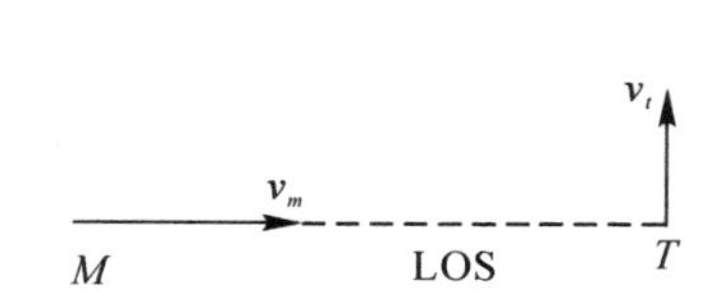

图 3.9　导弹拦截目标“最坏”情形

根据图中的关系可知，v_{θ_0} 的最大值是 v_t，满足

$$A_G > \max\left\{\frac{1}{1-m}, \frac{v_m \cos\theta_{ml_0}}{|v_{r_0}|}\right\} = \frac{1}{1-m} \tag{3.51}$$

$$A_R > \frac{2v_t v_m}{V_m^2 - V_t^2} = \frac{2m}{1-m^2} \tag{3.52}$$

因此有

$$\frac{2v_{\theta_0} v_m}{V_m^2 - V_t^2} < \frac{2v_t v_m}{V_m^2 - V_t^2} = \frac{2m}{1-m^2} < \frac{1}{1-m} \tag{3.53}$$

由于 $0<m<1$，显然，$A_R<A_G$，因此，相对于制导增益系数表达式(3.51)，式(3.52)的拦截条件要求较低，即充分条件更为宽松。A_R 和 A_G 随着 m 的变化曲线如图 3.10 所示。

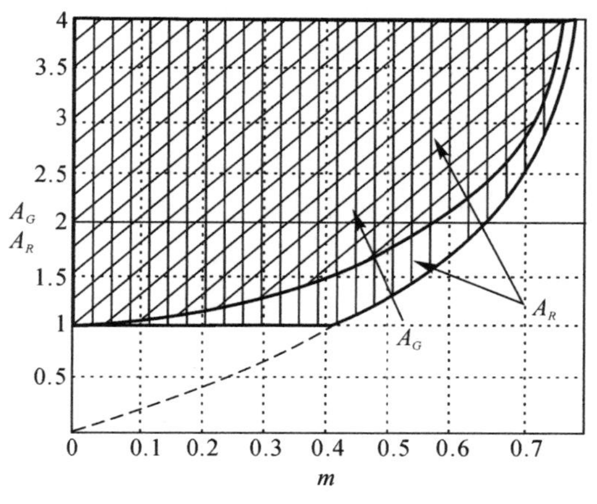

图 3.10　导弹拦截目标“最坏”情形时，A_R 和 A_G 随着 m 的变化曲线

(2) 弹目交战图 D 和 E。弹目交战几何关系如图 3.11 所示，其中，$\pi/2 \leqslant \theta_{tl_0} \leqslant 3\pi/2$，$3\pi/2 < \theta_{ml_0} \leqslant 2\pi$。

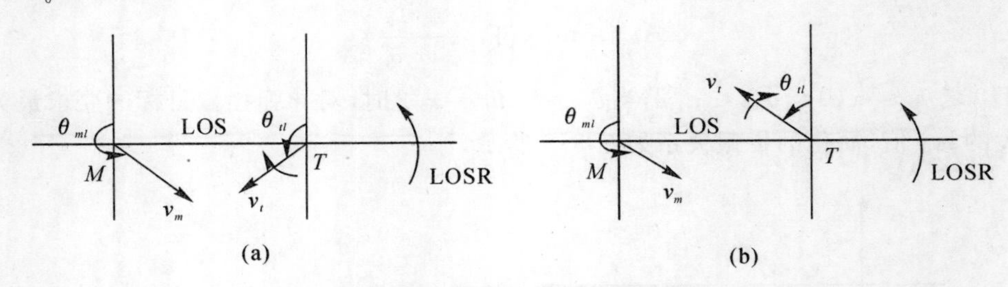

图 3.11　弹目交战几何关系图

(a) D；(b) E

图 3.11 中 D 和 E 在相对速度坐标系中对应的区域如图 3.12 中阴影所示。根据表 3.1 可知，对于图 3.12 中 D 的任意初始条件，A_R 始终有界。由于图 3.12 中 E 的 A_G 没有闭环形式的表达式，在此不作比较，但可以看出，对于图 3.12 中 E 的任意初始条件，A_R 有界。

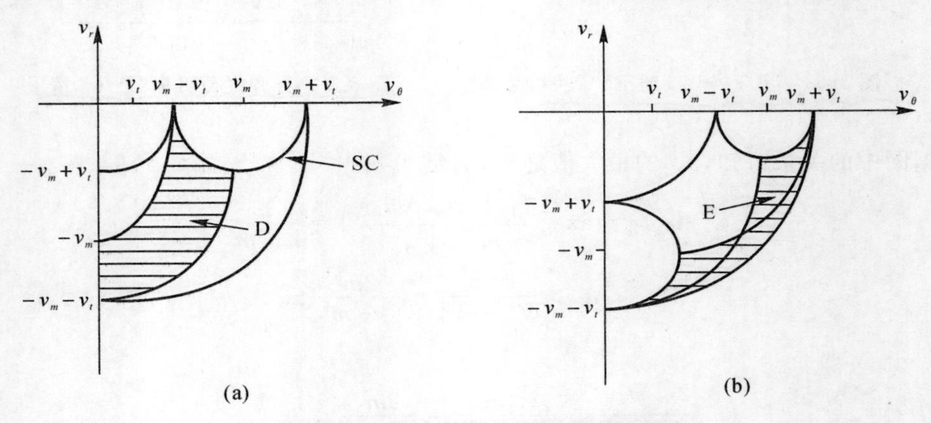

图 3.12　弹目交战在 RVC 映射区域

(a)D 图对应 RVC 映射区域；(b)E 图对应 RVC 映射区域

(3) 弹目交战图 B 和 C。弹目交战图 B 和 C 的关系如图 3.13 所示，此时满足 $-\pi/2 \leqslant \theta_{tl_0} \leqslant \pi/2$，$-\pi/2 < \theta_{ml_0} \leqslant 0$。

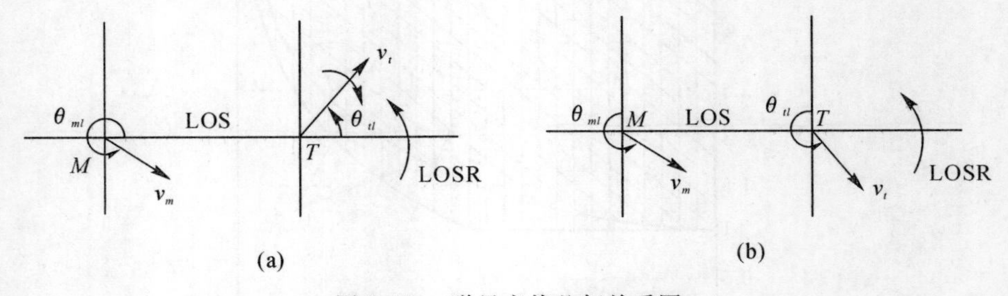

图 3.13　弹目交战几何关系图

(a) B；(b) C

图 3.13 中的 B 和 C 在相对速度坐标系中映射区域如图 3.14 所示，根据交战关系图 3.14

中 B 可知

$$A_G > \max\left\{\frac{1}{1-m}, \frac{v_m \cos\theta_{ml_0}}{v_m \cos\theta_{ml_0} - v_t}\right\} \tag{3.54}$$

$$A_R > 1 + \left(\frac{1}{p}\right)\frac{m}{\sqrt{1-m^2}} \tag{3.55}$$

其中，$p = -v_{r_0}/v_{\theta_0}$，当 $v_m \cos\theta_{ml_0} \to v_t$ 时，制导增益系数 $A_G \to \infty$，同理，当 $v_{r_0} \to 0$ 时，$A_R \to \infty$。当 θ_{tl_0} 固定，$\phi_{m_0} = 2\pi - \theta_{ml_0}$ 时，图 3.15 中的(a)和(b)表征了 A_G 和 A_R 的变化关系。根据图 3.15(b)可知，当视线角速率为正值并且 $\theta_{tl_0} = -\pi/2$ 时，ϕ_{m_0} 从 $\arccos m$ 到 $\pi/2$ 变化。而且从图 3.15(b)可以看出，随着 ϕ_{m_0} 的变化，初始阶段 $A_R < A_G$，当 ϕ_{m_0} 达到一定的值(大约 73.5°)时，$A_R \geq A_G$。对于图 3.14 中的 B 和 C，给定制导增益系数 A，在相对速度坐标系中很容易确定导弹捕获目标的位置点，同时，为了达到捕获要求，该位置点与原点的斜率必须满足 $p > m/(A-1)\sqrt{1-m^2}$。

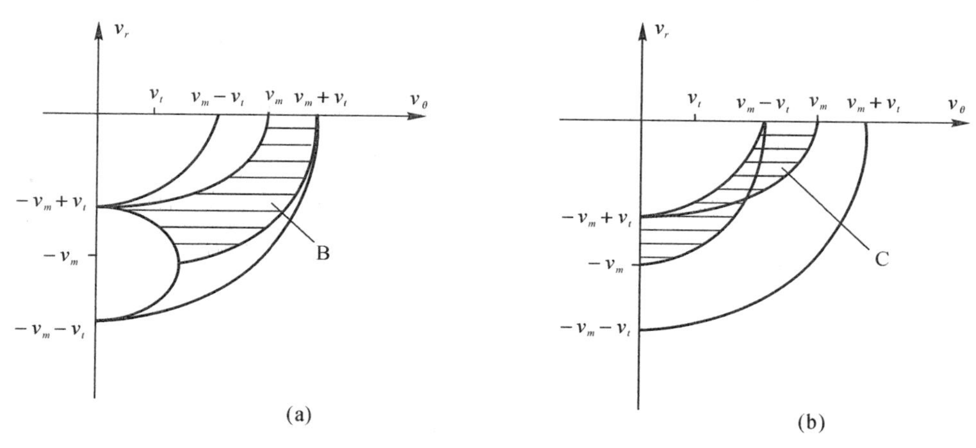

图 3.14　弹目交战在 RVC 映射区域

(a)B 图对应 RVC 映射区域　(b)C 图对应 RVC 映射区域

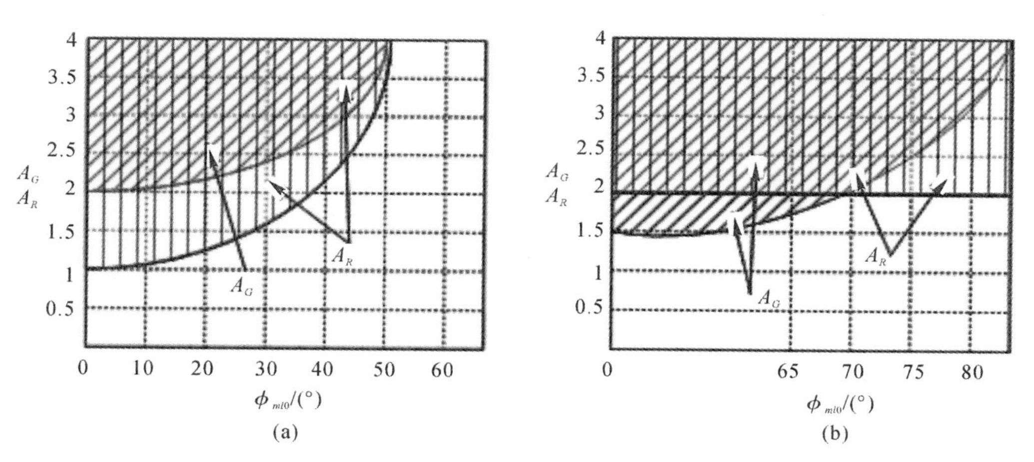

图 3.15　A_R 和 A_G 随 ϕ_{ml_0} 变化图

(a)$\theta_{tl_0} = 0$ 时，A_R 和 A_G 随 ϕ_{ml_0} 变化；(b)$\theta_{tl_0} = -\pi/2$ 时，A_R 和 A_G 随 ϕ_{ml_0} 变化

3.4.3 针对机动目标捕获条件研究

以上分析主要针对非机动目标，考虑到现实中的目标会以一定的过载进行逃逸，本节将主要针对在拦截机动目标时，对微分几何制导律的捕获性能分析。为方便分析，将目标加速度分为 $a_t > 0$ 和 $a_t < 0$ 两种情况分别进行研究。

考虑到目标机动时，弹目相对运动学方程可以表示为

$$\dot{v}_\theta = (A-1)\dot{r}\dot{\theta} \tag{3.56}$$

$$\dot{v}_r = \dot{\theta}(v_\theta - Av_r\tan\theta_{ml}) - (a_t/v_t)(v_\theta - v_r\tan\theta_{ml}) \tag{3.57}$$

$$\dot{\theta}_{tl} = \dot{\theta}_t - \dot{\theta} \tag{3.58}$$

$$\dot{\theta}_m = -\dot{\theta}\left(1+\frac{Av_r}{v_m\cos\theta_{ml}}\right) + \dot{a}_t\left(1+\frac{v_r}{v_m\cos\theta_{ml}}\right) \tag{3.59}$$

根据 3.2 节分析可知，微分几何制导律制导指令可以表示为

$$a_m = -\frac{A\dot{r}\dot{\theta}}{\cos(\theta_m-\theta)} + \frac{a_t\cos(\theta_t-\theta)}{\cos(\theta_m-\theta)} \tag{3.60}$$

其中，a_m 垂直于导弹速度方向 v_m。由式(3.60) 可知第一项形式是系数大小为 $N=-A/\cos(\theta_m-\theta)$ 的比例导引律形式，第二项是与目标加速度 a_t 成比例的项。

同非机动目标的分析类似，将式(3.13) 两边求微分并结合式(3.60) 可以得到

$$r\ddot{\theta} + 2\dot{r}\dot{\theta} = -\cos(\theta_m-\theta)\left[\frac{-A\dot{r}\dot{\theta}}{\cos(\theta_m-\theta)} + \frac{a_t\cos(\theta_t-\theta)}{\cos(\theta_m-\theta)}\right] + a_t\cos(\theta_t-\theta) = A\dot{r}\dot{\theta} \tag{3.61}$$

在式(3.61) 中，将 θ 看成 r 的函数，根据微分方程理论得

$$\dot{\theta} = \dot{\theta}_0\ (r/r_0)^{A-2} \tag{3.62}$$

其中，$\dot{\theta}_0$ 是初始视线角速率；r_0 是弹目初始距离。由式(3.61) 可以看出该式不含有目标机动加速度 a_t，当 $A>2$ 并且 $r\to 0$ 时，$\dot{\theta}\to 0$，$\dot{\theta}$ 的正负由初始视线角速度 $\dot{\theta}_0$ 的正负决定。这与第二章在弧长域中推导的微分几何制导律表现出相似的性质，因此，两种制导律都能够有效抑制视线角速率的旋转。

1. 目标机动加速度大于零

定理 3.5：如果满足以下三个条件，就能够保证导弹捕获目标。

(1)$A>2$；

(2)$\dot{\theta}_{tl_0}>0$；

(3)$v_{\theta_0}>0, v_{R_0}<0$；

证明　根据式(3.62) 可知，当 $A>2$ 且 $v_r<0$ 时，$\dot{\theta}$ 是关于时间的减函数，又由 $\dot{\alpha}_t = a_t/v_t>0$，结合式(3.58) 可知，$\dot{\theta}_{tl}$ 是单调递增函数，若 $\dot{\theta}_{tl_0}>0$，那么 $\dot{\theta}_{tl}>0$。当导弹脱靶时，必须满足 $v_r=0$ 且 $\dot{v}_r>0$，而当 $v_r=0$ 时

$$\dot{v}_r = \dot{\theta}v_\theta - (a_t/v_t)v_\theta = -\dot{\theta}_t v_\theta \tag{3.63}$$

由 $\dot{\theta}_{tl}$ 和 v_θ 都是正值可知 $\dot{v}_r<0$，这与导弹出现脱靶时的条件矛盾，因此，当目标机动加速度 $a_t>0$，且满足以上 3 个条件时能够保证导弹捕获目标。

证毕。

由定理 3.5 可知，若 $\dot{\theta}_{tl_0} > 0$，则$(a_t/v_t) - \dot{\theta}_0 > 0 \Rightarrow r_0(a_t/v_t) > v_{\theta_0} \Rightarrow a_t > v_{\theta_0} v_t / r_0$，又由 v_{θ_0} 的最大值为 $v_{\theta_0} = v_m + v_t$，因此若满足

$$a_t > (v_m + v_t) v_t / r_0 \tag{3.64}$$

那么 $\dot{\theta}_{tl_0} > 0$，即在整个相对速度坐标系中能够保证导弹捕获目标。

2. 目标机动加速度小于零

当目标机动时，结合 3.4.1 节的分析方法，将图 3.2 第四象限圆环分割成三个区域进行分析，当弹目相对信息(v_θ, v_r)的初始位置在区域 R_1 以外时，有可能进入半圆形区域 R_3 内部，此时存在 $v_r = 0$ 的情况，有可能导致拦截失败，出现脱靶，因此，在分析导弹捕获目标的初始条件时，可以考虑将图 3.2 中 R_3 与 R_2 两个区域分别进行讨论。

(1) 区域 R_1 捕获条件分析。

定理 3.6：当目标机动加速度小于零时，如果满足以下条件：

(1)$A > 1$；

(2)$0 < v_{\theta 0} < v_m - v_t$；

(3)$v_{R_0} < 0$；

(即图 3.3 中阴影 R_1 区域)，则能保证导弹捕获目标。

证明　当满足 $A > 1$，$v_{\theta_0} > 0$ 且 $v_{r_0} < 0$，由式(3.16)可知，方程右边为负值，因此，v_θ 是关于时间的递减函数。在区域 R 中，如果 $v_r = 0$，那么 v_θ 取值范围在$[v_m - v_t, v_m + v_t]$内，又由 $v_{\theta_0} < v_m - v_t$，v_θ 是递减函数，因此，在导弹拦截目标的整个过程中 $v_r < 0$，能够保证导弹捕获目标。证毕。

式(3.16)不含有目标机动项，$\dot{v}_\theta$ 的变化不受目标机动的影响，因此当(v_θ, v_r)的初始值位于区域 R_1 时，导弹捕获机动目标和非机动目标的初始条件完全一致。

(2) 区域 R_2 捕获条件分析。

定理 3.7：如果(v_{θ_0}, v_{r_0})在区域 R_2 内部(见图 3.3)时，那么导弹能够捕获目标的初始条件要满足

$$A > \frac{2v_m}{v_m - v_t} - \frac{r_0 a_t (v_m + v_t)}{v_t (v_m - v_t)^2}$$

证明　根据图 3.3 可知，区域 R_2 和 R_3 的半圆形边界 SC 可表示为

$$v_r^2 + v_\theta^2 - v_m^2 + 2v_\theta v_m = v_t^2, \quad v_\theta > 0, \quad v_r < 0 \tag{3.65}$$

由式(3.13)和式(3.14)可以得到

$$(v_\theta + v_m \sin\theta_{ml})^2 + (v_r + v_m \cos\theta_{ml})^2 = v_t^2 \tag{3.66}$$

以 $\cos\theta_{ml}$ 为变量，式(3.66)可变形为式(3.67)

$$\begin{aligned} &4v_m^2(v_\theta^2 + v_r^2)\cos^2\theta_{ml} - 4v_r v_m(v_t^2 - v_\theta^2 - v_m^2 - v_r^2)\cos\theta_{ml} + \\ &(v_t^2 - v_\theta^2 - v_m^2 - v_r^2)^2 - 4v_\theta^2 v_m^2 = 0 \end{aligned} \tag{3.67}$$

由式(3.67)可得

$$\cos\theta_{ml} = \frac{k_2 \pm \sqrt{(k_2^2 - 4k_1 k_3)}}{2k_1} \tag{3.68}$$

$$\sin\theta_{ml} = \frac{k_4 \pm \sqrt{(k_4^2 - 4k_1 k_5)}}{2k_1} \tag{3.69}$$

其中

$$\left.\begin{aligned}
k_1 &= 4v_m^2(v_\theta^2+v_r^2)\\
k_2 &= 4v_r v_m(v_t^2-v_\theta^2-v_m^2-v_r^2)\\
k_3 &= (v_t^2-v_\theta^2-v_m^2-v_r^2)^2-4v_\theta^2 v_m^2\\
k_4 &= 4v_\theta v_m(v_t^2-v_\theta^2-v_m^2-v_r^2)^2\\
k_5 &= (v_t^2-v_\theta^2-v_m^2-v_r^2)^2-4v_r^2 v_m^2
\end{aligned}\right\} \tag{3.70}$$

由式(3.65)可知，SC可表示为

$$2v_\theta v_m+v_t^2-v_\theta^2-v_m^2-v_r^2=0 \tag{3.71}$$

将式(3.71)代入式(3.70)可得

解1

$$\begin{aligned}\cos\theta_{ml}&=0\\ \sin\theta_{ml}&=1\end{aligned} \tag{3.72}$$

解2

$$\begin{aligned}\cos\theta_{ml}&=-2v_\theta v_r/(v_\theta^2+v_r^2)\\ \sin\theta_{ml}&=(-v_\theta^2+v_r^2)/(v_\theta^2+v_r^2)\end{aligned} \tag{3.73}$$

根据式(3.72)和式(3.73)可知

解1满足：$\tan\theta_{ml}\to-\infty$，即$\theta_{ml}\to 3\pi/2$；

解2满足：$\tan\theta_{ml}=(v_\theta^2-v_r^2)/(2v_\theta v_r)$。

以下对θ_{ml}存在的两个解分别进行讨论。

1)$\theta_{ml}\to 3\pi/2$。当$\theta_m\to 3\pi/2$时，$-a_t/v_t>0$且$\tan\theta_{ml}\to-\infty$，故式(3.57)中$\dot{v}_r\to-\infty$，因此，当$\theta_{ml}\to 3\pi/2$时，相对运动轨迹不会进入半圆形SC边界内部。

2)$\tan\theta_{ml}=(v_\theta^2-v_r^2)/(2v_\theta v_r)$。为避免拦截脱靶，使弹目相对运动轨迹不进入图3.3中R_3，需满足式(3.74)

$$\left.\frac{\mathrm{d}v_r}{\mathrm{d}v_\theta}\right|_{\mathrm{traj}}>\left.\frac{\mathrm{d}v_r}{\mathrm{d}v_\theta}\right|_{\mathrm{SC}} \tag{3.74}$$

令$k_t=a_t/v_t$，将式(3.56)、式(3.57)代入式(3.74)等式左边可得

$$\left.\frac{\mathrm{d}v_r}{\mathrm{d}v_\theta}\right|_{\mathrm{traj}}=\frac{\dot{v}_r}{\dot{v}_\theta}=\frac{\dot{\theta}[(2-A)\dot{v}_\theta^2+Av_r^2]}{2v_\theta v_r}-\left(\frac{k_t}{2v_\theta}\right)\frac{(v_\theta^2+v_r^2)}{v_r\dot{\theta}(A-1)} \tag{3.75}$$

位于区域R_3边界SC上的点满足

$$\left.\frac{\mathrm{d}v_r}{\mathrm{d}v_\theta}\right|_{\mathrm{SC}}=\frac{-v_\theta+v_m}{v_r} \tag{3.76}$$

将式(3.75)和(3.76)代入式(3.74)得

$$\dot{\theta}[A(v_t^2-v_m^2+2v_\theta v_m)-2(A-1)v_\theta v_m]<k_t(v_\theta^2+v_r^2)$$

即

$$A>\frac{2v_\theta v_m}{v_m^2-v_t^2}+\left(\frac{-k_t}{\dot{\theta}}\right)\frac{v_\theta^2+v_r^2}{v_m^2-v_t^2} \tag{3.77}$$

式(3.77)变形可得

$$A>\frac{2v_\theta v_m}{v_m^2-v_t^2}+\left(\frac{-rk_t}{v_\theta}\right)\frac{v_\theta^2+v_r^2}{v_m^2-v_t^2} \tag{3.78}$$

v_θ 的最小值为 $v_\theta = v_m - v_t$，因此，当目标机动加速度 $a_t < 0$ 时，导弹捕获目标的初始条件可表示为

$$A > \frac{2v_m}{v_m - v_t} - \frac{r_0 a_t (v_m + v_t)}{v_t (v_m - v_t)^2} \tag{3.79}$$

证毕。

根据式(3.79)可知，导弹捕获目标的初始条件主要和弹目初始距离 r_0 和目标机动加速度 a_t 有关。

(3) 区域 R_3 捕获条件分析。

定义 3.3：当导弹和目标的相对运动轨迹初始位置(v_{θ_0}，v_{r_0})在区域 R_3 时，原点与该点连线的斜率定义为 p，即

$$p = -v_{r_0} / v_{\theta_0}$$

定理 3.8：如果(v_{θ_0}，v_{r_0})位于半圆形区域 R_3 内部时，即

$$\{(v_{\theta_0}, v_{r_0}) : (v_{\theta_0} - v_m)^2 + v_{r_0}^2 \leqslant v_t^2, v_{\theta_0} \geqslant 0, v_{r_0} < 0\}$$

那么导弹能够捕获目标的初始条件为

$$A > \frac{a_t r (v_t^2 - v_m^2 + 2v_\theta v_m)}{v_t v_\theta (2v_\theta v_r p - v_\theta^2 + v_r^2)} - \frac{2v_\theta^2 - 2v_\theta v_r p}{2v_\theta v_r p - v_\theta^2 + v_r^2}$$

证明　同区域 R_3 的边界 SC 分析类似，参考 3.4.1 节，要使相对运动轨迹不到达 $v_{\theta_0} = 0$ 的区域，需要满足

$$\left.\frac{\mathrm{d}v_r}{\mathrm{d}v_\theta}\right|_{\text{traj}} > \left.\frac{\mathrm{d}v_r}{\mathrm{d}v_\theta}\right|_{\text{SL}} \tag{3.80}$$

即

$$-p < \frac{\dot{\theta}[(2-A)\dot{v}_\theta^2 + Av_r^2]}{2v_\theta v_r} - \left(\frac{k_t}{2v_\theta}\right)\frac{(v_\theta^2 + v_r^2)}{v_r \dot{\theta}(A-1)}$$

整理变形可得

$$A > \frac{a_t r (v_t^2 - v_m^2 + 2v_\theta v_m)}{v_t v_\theta (2v_\theta v_r p - v_\theta^2 + v_r^2)} - \frac{2v_\theta^2 - 2v_\theta v_r p}{2v_\theta v_r p - v_\theta^2 + v_r^2} \tag{3.81}$$

证毕。

根据以上分析可知，当 $a_t > 0$ 且 $\dot{\theta}_{t0} > 0$ 时，弹目相对运动初始信息位于相对速度坐标系中任意位置，都可以保证导弹捕获目标，这与文献 3.4.1 节得出结论一致；对于 $a_t < 0$ 的情况，定理 3.6、定理 3.7 和定理 3.8 分别对应弹目初始信息位于不同区域时导弹捕获目标的初始条件。

3.5　仿真结果与分析

3.5.1　针对非机动目标的仿真

下面对导弹微分几何制导律捕获目标的初始条件进行仿真验证。首先，定义仿真初始参数：导弹初始位置为(0,0) m，目标初始位置为(8000,8 000) m，导弹初始速度为 1 000 m/s，制导系统时间常数设为0.2 s，目标初始速度为500 m/s。本章重点对捕获条件进行验证，不再

考虑视线角速率噪声等因素。

仿真 1：$A=5.0,\theta_{mt_0}=0°,\theta_{tt_0}=90.1°$

此时(v_{θ_0},v_{r_0})的初始位置处于区域 R_1，根据定理 1 导弹能够拦截目标。通过仿真，实际脱靶量为 0.313 0 m，仿真结果曲线如图 3.16 所示，弹目运动轨迹如图 3.16(a) 所示。根据图 3.16(b) 视线角速率随时间变化曲线可知，随着弹目距离的接近，视线角速率趋于零值，这与本章的分析结果一致。由图 3.16(c) 导弹制导指令随时间变化曲线可知，在导弹拦截目标的末段，导弹的过载趋近于零值，这将大大降低对导弹执行机构的要求，因此，该制导律克服了比例导引末段视线角速率发散导致的过载饱和问题。通过图 3.16(d) 相对速度坐标系曲线可知，弹道轨迹初始点和遭遇点均在区域 R_1，相对运动弹道全部位于区域 R_1。因此，按照设计的捕获条件，导弹能够精确命中目标。

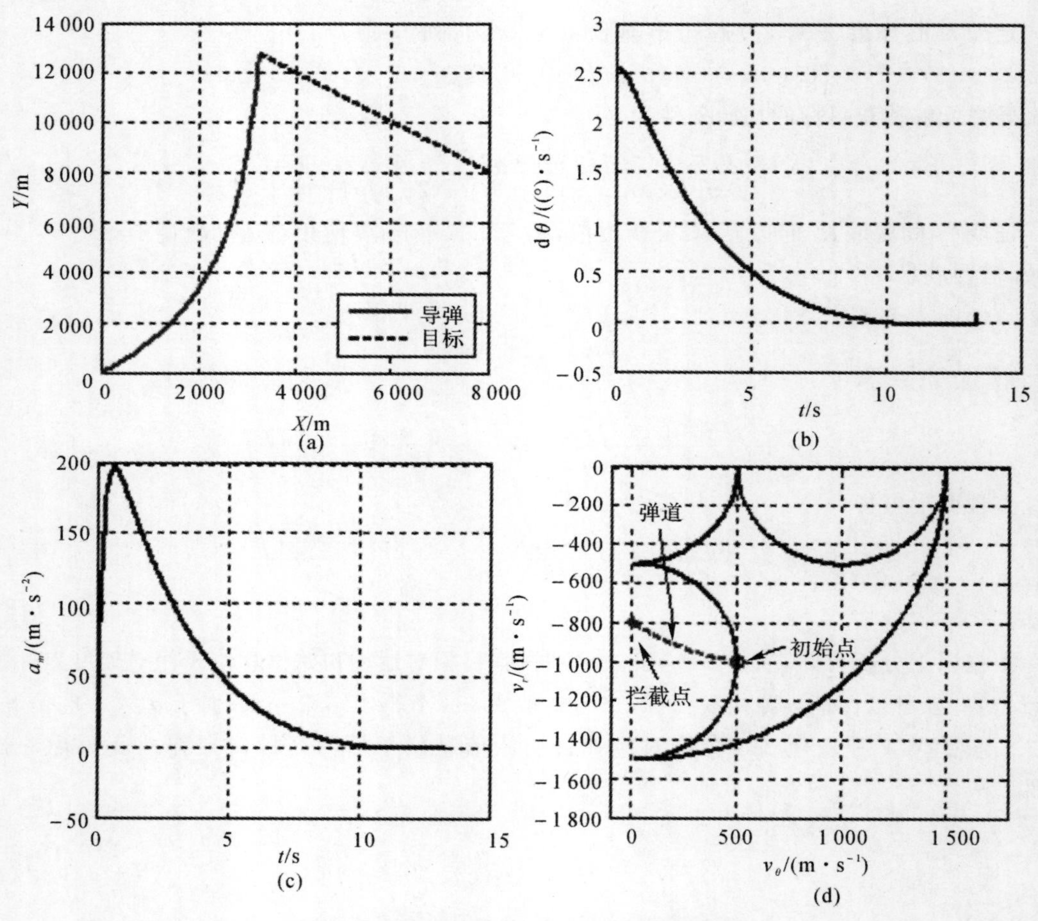

图 3.16　仿真 1 弹目拦截相关数据曲线图

(a) 弹目拦截轨迹；(b) 视线角速率变化曲线；(c) 导弹过载曲线；(d) 弹目相对运动在 RVC 中轨迹

仿真 2：$A=4.9,\theta_{mt_0}=-19.933°,\theta_{tt_0}=73.035°$

由仿真条件可知，此时(v_{θ_0},v_{r_0})的初始位置为(819，−794)，即初始点位于区域 R_2，满足

$A > 2v_{\theta_0} v_m / (v_m^2 - v_t^2) = 2.1859$，根据定理 3.2 可知导弹能够拦截目标，仿真结果如图 3.17 所示，脱靶量为 0.315 4 m，即导弹能够命中目标。根据图 3.17(b) 视线角速率随时间曲线可知，随着弹目距离的接近，视线角速率趋于零值；根据式(3.19) 分析，对于目标不机动情况，当 $A > 2$ 并且 $r \to 0$ 时，$a_m \to 0$，由图 3.17(c) 导弹制导指令曲线可知，在拦截末段，导弹的指令过载趋于零，这与本章 3.4.1 节分析一致，即随着拦截的进行，导弹过载随着弹目相对距离的接近逐渐趋近于零值；弹目相对运动弹道在(v_θ，v_r) 坐标系中如图 3.17(d) 虚线所示，轨迹初始点位于区域 R_2，遭遇点在区域 R_1，相对运动弹道由区域 R_2 进入区域 R_1。

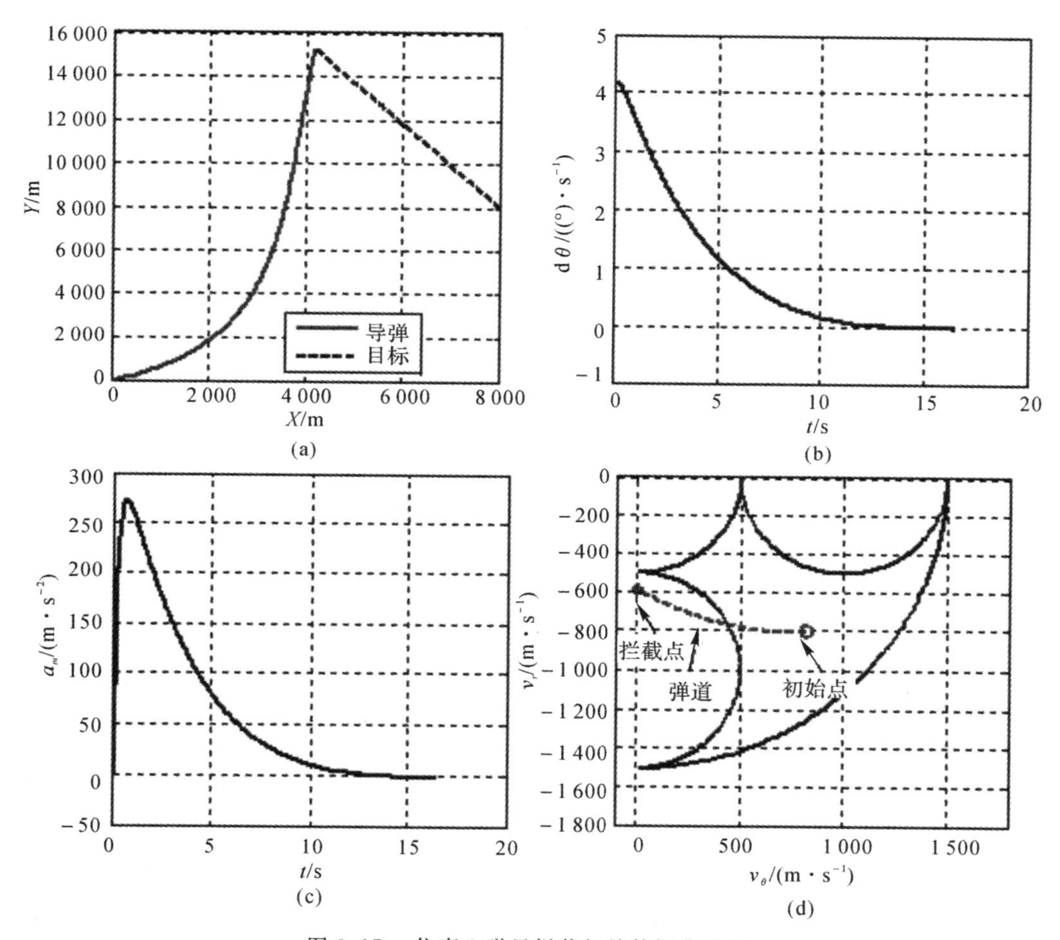

图 3.17　仿真 2 弹目拦截相关数据曲线图

(a) 弹目拦截轨迹；(b) 视线角速率变化曲线；(c) 导弹过载曲线；(d) 弹目相对运动在 RVC 中轨迹

仿真 3：$A = 4.9$，$\theta_{mt_0} = -70.16°$，$\theta_{tl_0} = 73.12°$

由仿真条件可知，此时(v_{θ_0}，v_{r_0}) 的初始位置是(1418.9，−193.5)，处于半圆形区域 R_3 的内部，满足定理 3.4 的要求，导弹能够拦截目标。仿真结果如图 3.18 所示，实际脱靶量为 0.100 7 m，弹目交战轨迹如图 3.18(a) 所示；由式(3.19) 可知，对于目标不机动情况，当 $A > 2$ 并且 $r \to 0$ 时，$a_m \to 0$ 且 $\dot{\theta} \to 0$，由图 3.18(c) 导弹制导指令曲线可知，在拦截末段，导弹的指令过载趋于零，与本章对制导指令变化趋势的分析结果一致；弹目相对运动轨迹在(v_θ，v_r) 坐标系中如图 3.18(d)(虚线)所示,初始位置位于 R_3,遭遇点在区域 R_1,相对运动弹道由区域 R_3 经过 R_2 到达区域 R_1。因此,按照设计的捕获条件,可以保证精确命中目标。

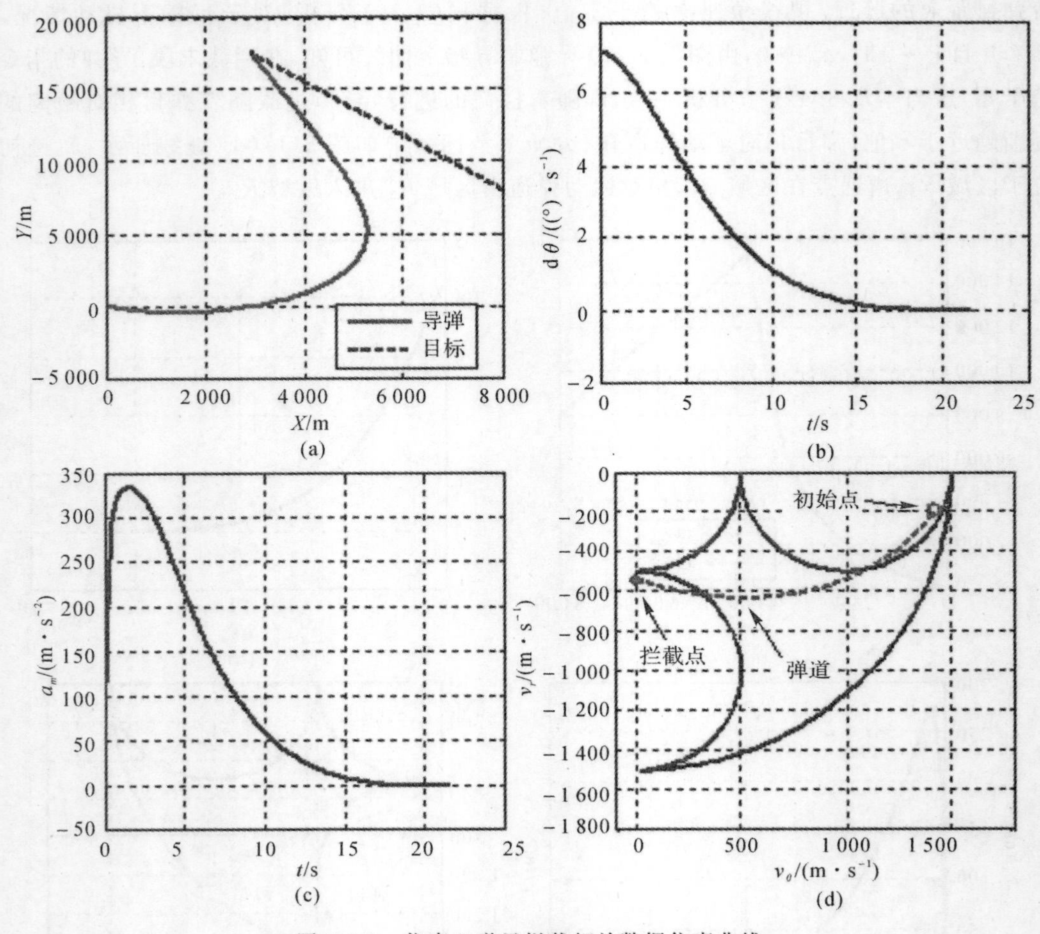

图 3.18 仿真 3 弹目拦截相关数据仿真曲线

(a) 弹目拦截轨迹; (b) 视线角速率变化曲线; (c) 导弹过载曲线; (d) 弹目相对运动在 RVC 中轨迹

3.5.2 针对机动目标的仿真

下面对本章时域内微分几何制导律得出的捕获条件进行仿真验证。首先定义仿真初始参数:导弹初始位置为(0,0) m,目标初始位置为(5 000,5 000) m,导弹初始速度为 1 000 m/s,制导时间常数设为 0.1 s,目标初始速度为 500 m/s。

仿真 4: $A=3,\theta_{ml_0}=45^\circ,\theta_{tl_0}=136^\circ;a_t=-4g$

此时(v_{θ_0},v_{r_0})的初始位置(499.9,−1 008.6)处于区域 R_1,满足导弹捕获目标的初始条件。通过仿真,实际脱靶量为 0.262 9 m,仿真结果曲线如图 3.19 所示,导弹攻击目标仿真曲线如图 3.19(a)所示,图 3.19(b)为视线角速率变化曲线,从图中可以看出,随着弹目距离的接近,视线角速率趋于零值。由图 3.19(c)导弹制导指令随时间曲线可知,在导弹攻击目标的末段，纵向过载趋于平稳，随着弹目距离的接近，过载趋于零值，克服了比例导引末段过载发散问题，从图 3.19(d) 相对速度坐标系曲线可知，弹道轨迹初始点和遭遇点均在区域 R_1，相对运动弹道（虚线）位于区域 R_1，遭遇点接近 v_r 轴。

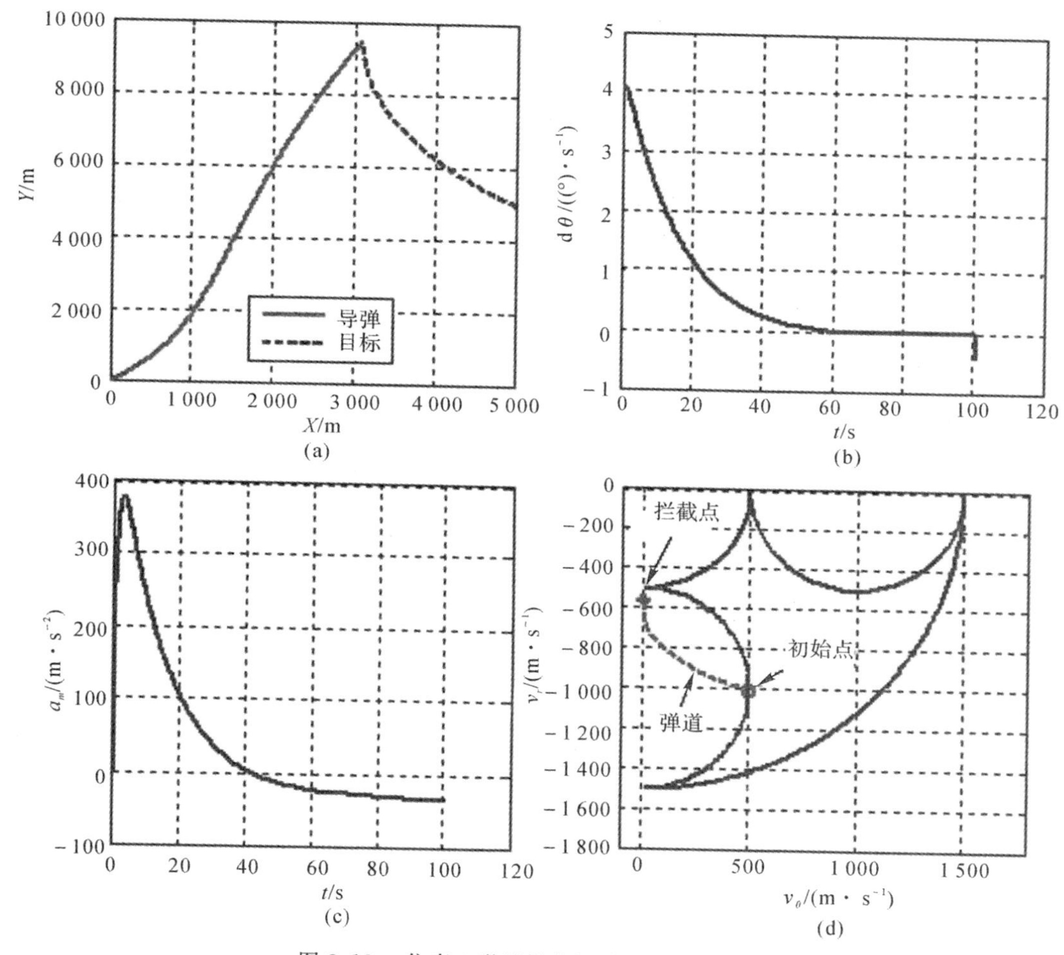

图 3.19　仿真 4 弹目拦截相关数据仿真曲线

(a) 弹目拦截轨迹；(b) 视线角速率变化曲线；(c) 导弹过载曲线；(d) 弹目相对运动在 RVC 中轨迹

仿真 5：$A=7.5, \theta_{mt_0}=19.9°, \theta_{tt_0}=73.1°; a_t=-4g$

由仿真条件可知，此时(v_{θ_0}, v_{r_0})的初始位置是(659，－465)m，即弹目运动初始点位于区域 R_2，且此时满足导弹捕获机动目标的初始条件。根据定理 3.7 可知

$$A>\frac{2v_m}{v_m-v_t}-\frac{r_0 a_t(v_m+v_t)}{v_t(v_m-v_t)^2}=7.394\ 1$$

仿真曲线如图 3.20 所示，仿真脱靶量为 0.117 7 m，导弹攻击目标的弹道曲线如图 3.20(a) 所示。根据图 3.20(b) 视线角速率变化曲线可知，随着弹目距离的接近，视线角速率趋于零值。由图 3.20(c) 导弹制导指令曲线可知，在拦截末段，导弹的指令过载趋于平缓，从图 3.20(d)(v_θ, v_r)空间中的轨迹可以看出初始点位于区域 R_2，遭遇点位于区域 R_1，相对运动弹道由区域 R_2 到区域 R_1，由于在导弹捕获目标的末段，$\dot{v}_\theta$ 趋于 0，而 $\dot{v}_r$ 为非零值，因此弹道轨

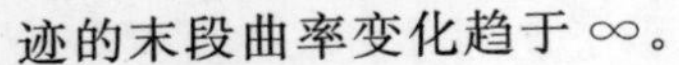
迹的末段曲率变化趋于 ∞。

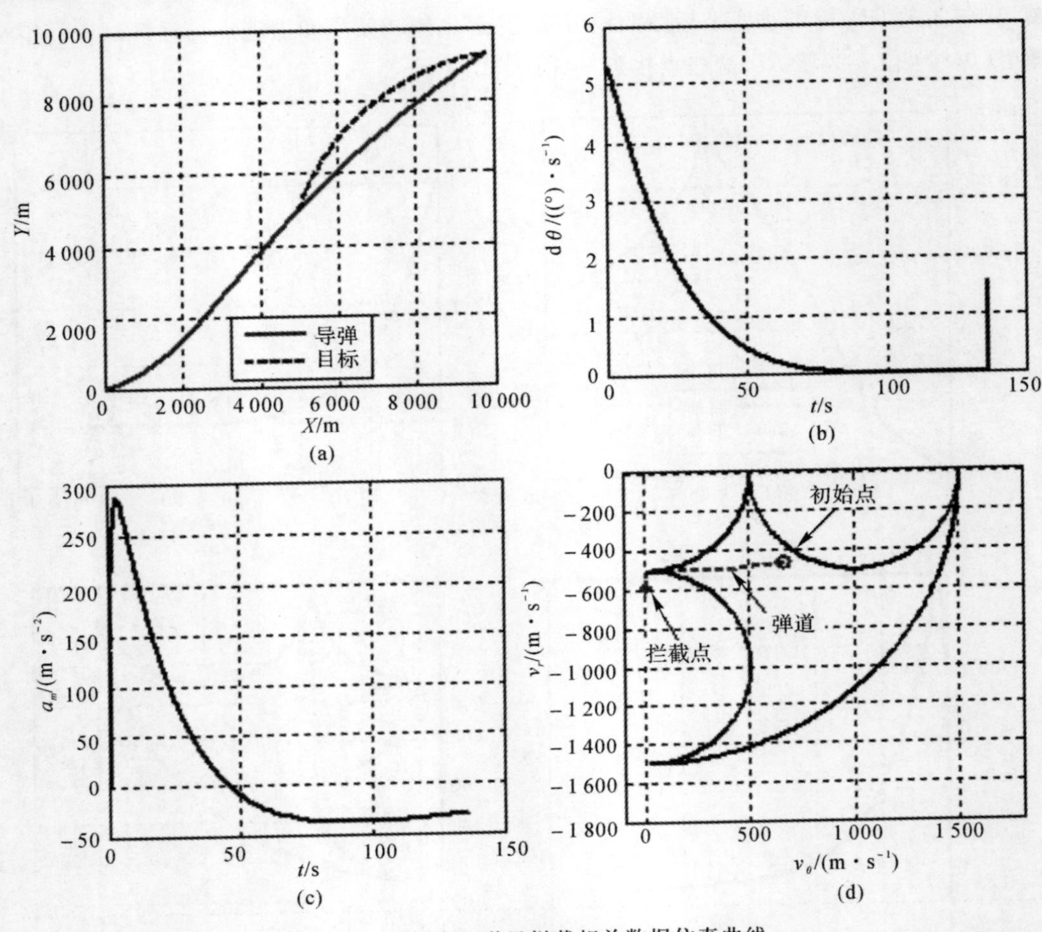

图 3.20　仿真 5 弹目拦截相关数据仿真曲线

(a) 弹目拦截轨迹；(b) 视线角速率变化曲线；(c) 导弹过载曲线；(d) 弹目相对运动在 RVC 中轨迹

仿真 6：$A=6.0$，$\theta_{ml_0}=-25.16°$，$\theta_{tl_0}=118.12°$；$a_t=-4g$

此时(v_{θ_0},v_{r_0})的初始位置为(1419，−194)m，即初始点处于区域 R_3，并满足导弹捕获目标的初始条件(定理 3.8)，可知导弹能够拦截目标。通过仿真，实际脱靶量为 0.208 5 m，仿真结果曲线如图 3.21 所示，导弹攻击目标仿真曲线如图 3.21(a) 所示，由图 3.21(b) 和图 3.21(c) 可知，在导弹攻击目标的末段，视线角速率和纵向过载变化平稳，趋近于零值。从图 3.21(d) 相对速度坐标系曲线中，可以看出弹道轨迹遭遇点位于区域 R_1，即运动轨迹由 SC 内部经过区域R_2 到达区域 R_1，并且由图 3.21(d) 可知 $\dot{v}_\theta$ 趋于 0，而 $\dot{v}_r$ 为非零值，因此弹道轨迹的末段曲率变化趋于 ∞。

根据以上仿真分析可知，当弹目初始信息位于不同区域时，根据给定的捕获条件，导弹能够命中目标，并具有较高的制导精度。

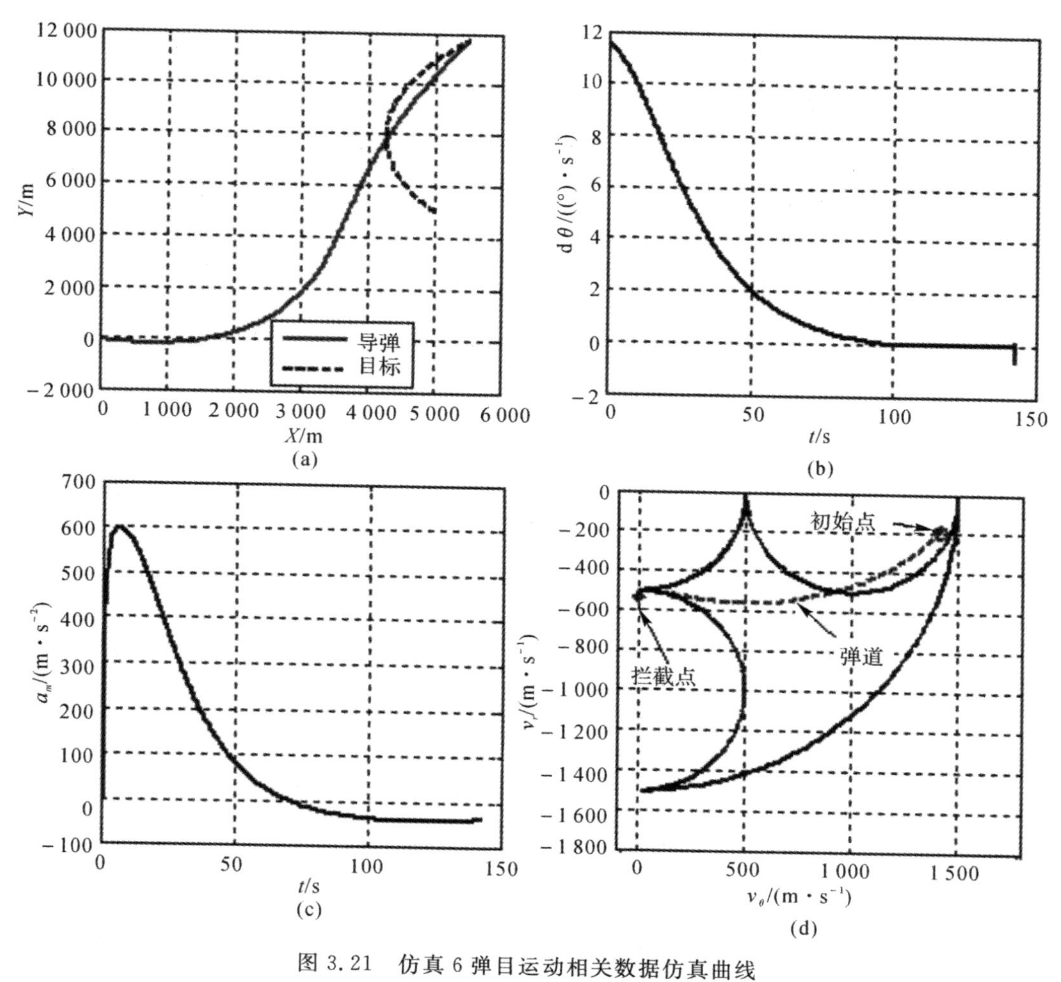

图 3.21　仿真 6 弹目运动相关数据仿真曲线

(a)弹目拦截轨迹；　(b)视线角速率变化曲线；　(c)导弹过载曲线；　(d)弹目相对运动在 RVC 中轨迹

3.6　本章小结

针对基于 Frenet 坐标系的传统微分几何制导律推导过程较为复杂，工程应用中存在很大的局限性等问题，本章首先在时域中推导了微分几何制导律，建立了相对速度坐标系，然后基于该坐标系将弹目相对运动轨迹分成三个区域，分别对捕获条件进行研究，并将导弹命中目标的初始条件转化为制导增益系数 A 的边界值。研究结果表明，捕获条件相关的因素主要有导弹和目标的速度大小、两者速度方向与弹目视线的夹角以及目标机动过载等。最后的仿真表明，在弹目初始信息位于不同区域时，根据研究所设定的捕获条件，导弹能够精确命中目标。

第4章 基于滑模控制理论的微分几何制导律

本章将现代控制理论与微分几何理论相结合，提出了两种微分几何制导律的设计方法。首先，结合 Lyapunov 稳定性理论设计了一种有限时间收敛的非线性微分几何制导律，为避免拦截过程中制导指令出现奇异现象，对拦截的初始条件进行了研究。其次，设计了一种二阶滑模控制器，通过微分包含理论和齐次性理论证明了控制算法的有限时间收敛性，并基于零化视线角速率的思想设计了一种基于二阶滑模控制的微分几何制导律。最后通过仿真对两种制导律的有效性进行了验证。此外，通过仿真对本书所有设计制导律的拦截性能进行了对比分析。

4.1 引　言

在导弹拦截目标的过程中，导弹和目标的相对运动模型存在非线性耦合特性，属于非线性系统的研究范围。在制导律的设计中，一般来说模型需要进行一定的简化处理，加之外部扰动和结构参数摄动，会导致系统存在不确定因素，因而对于含有外界干扰和系统参数摄动这一类不确定非线性系统的研究，就显得更有意义。人们在利用变结构控制理论和模糊理论来解决这一类非线性控制系统的设计问题时取得了一些成果[170-174]。其中，在利用滑模控制的变结构系统中，滑动模态的引入使得系统在滑动状态下不仅保持对系统结构不确定性、参数不确定性以及外界干扰等不确定因素的鲁棒性[175-176]，而且可以获得较为满意的动态性能。因此，滑模控制理论是处理不确定非线性系统的一种重要方法。

人们为了消除被控对象的结构与参数变化对其运行过程的影响，设计了自适应滑模控制。自适应滑模变结构控制是滑模变结构控制与自适应控制的有机结合，是解决参数不确定或时变参数系统控制问题的一种新型控制策略。齐晓慧等人为提高飞行重构控制系统的鲁棒性，提出了一种基于简单自适应控制的滑模变结构重构控制律[177]，采用简单自适应控制取代传统的等效控制律，较好地解决了等效控制律求取完全取决于被控系统结构和参数，以及计算过程复杂等问题，同时通过引入饱和函数替代符号函数来减弱变结构控制的抖振现象。文献[178－180]针对线性化系统将自适应 Backsteping 与滑模变结构控制设计方法结合在一起，实现了自适应滑模变结构控制。在变结构控制中，为了保证系统能够到达切换面，设计控制律时通常需要知道系统不确定性范围的上下界参数，但这个要求在实际工程中往往很难达到。针对具有未知参数变化和干扰变化的不确定性系统的变结构控制，陈兴林老师提出了一种具有强鲁棒自适应性的动态滑模制导律[181]，将目标机动视为一类具有有界扰动的不确定因素，以视线法向上的相对运动速度及其导数构筑滑模切换面，并基于 Lyapunov 稳定性理论进行制导律的设计。这种制导律采用了动态滑模的思想，从而有效降低了抖振的影响。李博基于自适应模糊控制和变结构控制方法推导出一种模糊自适应滑模制导律[182]，通过一种自适应模糊控制器代替了一般制导律的比例导引项，使制导律对参数的摄动有很好的鲁棒性。

目前制导律的研究主要是基于双通道解耦的设计方法，将三维制导问题转化为两个二维制导问题[183-184]。双通道解耦方式因其设计简单、可实现性强而被广泛采用[185-189]，但从运动学的原理上看，将三维通道解耦为两个平面设计的思想缺少必要的理论支撑，只是一种工程化的手段，在运动自由度的拆分过程中，难免会带来运动信息的丢失[190-192]。考虑到李群理论具有很强的几何结构特性[190-196]，韩大鹏和孙未蒙等人利用李群理论，在不进行通道解耦的情况下解决了有终端约束条件时的制导律设计问题[191-192]，彭双春在文献[191]的基础上，基于李群理论、最优化理论和微分几何理论[192]，对导弹制导的有终端约束和无终端约束情况分别进行了相应的制导律设计，该制导律能够保证较高的制导精度，但没有针对机动目标进行研究，也没有考虑外界扰动对制导系统带来的影响。

针对以上制导律设计时存在的缺陷和不足，本章将目标机动项作为有界扰动，基于微分几何理论和变结构控制理论设计了一种攻击机动目标的微分几何制导律。首先，基于微分几何理论将弹目相对运动学模型在 Frenet 坐标系中进行了描述，结合 Lyapunov 稳定性定理，利用变结构控制理论设计了有限时间收敛的微分几何制导律，给出导弹制导的曲率指令和挠率指令，并给出设计的微分几何制导律的捕获条件。其次，结合高阶滑模变结构控制理论，设计了一种基于二阶滑模控制的微分几何制导律。最后，通过仿真对设计制导律的有效性进行验证。

4.2　弹目相对运动学微分几何描述

导弹和目标的空间相对运动学关系已在第 2 章进行了分析，在此为描述方便，将弹目相对运动学关系重新表述如下，弹目交战图如图 2.11 所示，其中，符号表示含义与第 2 章相同，此处不再赘述。

在图 2.11 所示拦截场景下的相对运动学方程为

$$\boldsymbol{r}_m=\boldsymbol{r}_t-r\boldsymbol{e}_r \tag{4.1}$$

其中，r 表示弹目视线的距离；e 表示单位向量。式(4.1) 两边对弧长 s 求微分可得

$$\boldsymbol{t}_m=m\boldsymbol{t}_t-r'\boldsymbol{e}_r-r(\boldsymbol{\omega}\times\boldsymbol{e}_r) \tag{4.2}$$

式(4.2) 中 ω 表示弹目视线旋转角速度矢量，该式表达了弹目相对运动学关系，在沿视线方向和垂直于视线方向的分量可以表示为

$$r'=(m\boldsymbol{t}_t-\boldsymbol{t}_m)\cdot\boldsymbol{e}_r \tag{4.3}$$

$$\boldsymbol{r}\cdot\boldsymbol{\omega}=(m\boldsymbol{t}_t-\boldsymbol{t}_m)\cdot(\boldsymbol{e}_\omega\times\boldsymbol{e}_r) \tag{4.4}$$

由式(4.4) 可知，视线旋转角速度矢量 $\boldsymbol{\omega}$ 完全由导弹速度的切向量 $\boldsymbol{t}_m$ 和目标速度切向量 $\boldsymbol{t}_t$ 在垂直于视线上的分量决定。式(4.2) 两边求微分可得

$$k_m\boldsymbol{n}_m=m^2k_t\boldsymbol{n}_t-r''\boldsymbol{e}_r-2r'\boldsymbol{\omega}\times\boldsymbol{e}_r-r'(\boldsymbol{\omega}\times\boldsymbol{e}_r)-r(\boldsymbol{e}'_\omega\times\boldsymbol{e}_r)-r(\boldsymbol{e}_\omega\times\boldsymbol{e}'_r) \tag{4.5}$$

结合矢量运算性质，沿 $\boldsymbol{e}_r$ 和 $\boldsymbol{e}_\omega\times\boldsymbol{e}_r$ 方向的分量可以表示为

$$r''-r\theta'^2=(m^2k_t\boldsymbol{n}_t-k_m\boldsymbol{n}_m)\cdot\boldsymbol{e}_r \tag{4.6}$$

$$r\theta''+2r'\theta'=(mk_t\boldsymbol{n}_t-k_m\boldsymbol{n}_m)\cdot(\boldsymbol{e}_\omega\times\boldsymbol{e}_r) \tag{4.7}$$

式(4.6) 和式(4.7) 即微分几何理论下导弹和目标的相对运动学方程，其中 θ' 为视线角速度的大小量。

下面将基于零化视线角速度 ω(即零化 $\boldsymbol{e}'_r$) 的值进行制导律设计，根据拦截控制的要求，选取状态变量 $x=[\boldsymbol{e}_r,\boldsymbol{e}'_r]$，结合式(4.5)，系统的状态方程可表示为

$$\begin{bmatrix}\dot{x}_1\\ \dot{x}_2\end{bmatrix}=\frac{1}{r}\begin{bmatrix}0 & r\\ -r'' & -2r'\end{bmatrix}\begin{bmatrix}x_1\\ x_2\end{bmatrix}+\begin{bmatrix}0\\ -1/r\end{bmatrix}k_m\boldsymbol{n}_m+\begin{bmatrix}0\\ m^2/r\end{bmatrix}k_t\boldsymbol{n}_t \tag{4.8}$$

其中，k_m 作为控制输入量；目标弹道曲率 k_t 作为摄动量。由于目标的加速度不能直接获取，所以将它作为系统的不确定量进行处理，并假设 k_t 有界，满足 $0<k_t<b$，b 为正数。

4.3 非线性微分几何制导律

4.3.1 非线性系统描述

为使式(4.8)对参数摄动和干扰具有良好的鲁棒性，这里考虑用变结构理论来设计制导律，采用如下不确定多变量非线性系统：

$$\dot{\boldsymbol{x}}=\boldsymbol{f}(x,t)+\boldsymbol{g}_1(\boldsymbol{x},t)\boldsymbol{u}(t)+\boldsymbol{g}_2(x,t)\boldsymbol{v}(t) \tag{4.9}$$

其中，$x\in\mathbf{R}^n$ 为系统的状态变量；$\boldsymbol{u}(t)\in\mathbf{R}^P$ 为系统的控制输入；外界干扰量为 $v\in\mathbf{R}^s$；$\boldsymbol{f}(x,t)$，$\boldsymbol{g}_1(x,t)$ 和 $\boldsymbol{g}_2(x,t)$ 是具有相应维数的光滑向量函数。在式(4.9)非线性系统中，假设外界干扰满足 $0<v(t)<b$，b 是一正数。

不失一般性，假设对于式(4.9)，系统的期望平衡点 $X_s=0$，考虑闭环系统的稳定问题，即设有限控制 U，使得系统的状态 $X(t)$ 从某一初始状态出发并在有限时间内转移到零态，即

$$\lim_{t\to t_1}X(t)=0 \tag{4.10}$$

采用变结构控制策略，对式(4.9)系统定义一个滑模超平面

$$S=\boldsymbol{CX}=0 \tag{4.11}$$

其中，$\boldsymbol{C}\in\mathbf{R}^{1\times n}$ 为定常的，且满足 $\boldsymbol{Cg}_1(x)$ 不为零。变结构控制器设计需要满足两个基本条件：

(1) 系统的状态在有限时间 t_1 内到达滑动超平面；

(2) 在 $t_1\leqslant t<\infty$ 时间内，系统保持在滑动面内到零点。

在不考虑扰动的情况下，系统要进入滑动面，需要满足 $S\dot{S}<0$。若系统进入 $S=0$ 的滑动面，系统应在 $S=\boldsymbol{CX}$ 的滑动面上运动到零点。对式(4.11)求导可得

$$\dot{S}=\boldsymbol{C}\dot{\boldsymbol{X}}=\boldsymbol{Cf}(x,t)+\boldsymbol{Cg}_1(x,t)\boldsymbol{U}(t)+\boldsymbol{Cg}_2(x,t)\boldsymbol{W}(t) \tag{4.12}$$

参考文献[103,105]中变结构制导律的设计方法，将其中的控制算法进行改进，其控制律描述如下：

$$\boldsymbol{U}(t)=\boldsymbol{U}_{\text{eq}}+\boldsymbol{U}_s+\boldsymbol{U}_n \tag{4.13}$$

其中

$$\boldsymbol{U}_{\text{eq}}=-[\boldsymbol{Cg}_1(\boldsymbol{X},t)]^{-1}[\boldsymbol{Cf}(\boldsymbol{X},t)] \tag{4.14a}$$

$$\boldsymbol{U}_s=-[\boldsymbol{Cg}_1(x,t)]^{-1}K\operatorname{sgn}(S) \tag{4.14b}$$

$$\boldsymbol{U}_n=-[\boldsymbol{Cg}_1(x,t)]^{-1}\|\boldsymbol{Cg}_2(X,t)\|b\frac{S}{|S|} \tag{4.14c}$$

4.3.2 有限时间收敛性分析

有限时间稳定性的定义是指受控系统在有限时间里能够达到控制目标，随后就稳定在平衡点上。有限时间收敛是非线性系统控制的一个重要特性。文献[197-198]基于 Lyapunov 函数理论，给出了非线性系统有限时间稳定的充分条件。文献[199]修正了文献[197-198]中

对有限时间稳定的定义，并给出非线性系统有限时间稳定的充要条件。文献[200]采用微分 Riccati 方程的形式给出了线性时变系统有限时间内稳定的充要条件，并且设计了输出反馈和状态反馈控制器。辛道义等人基于 K1 类函数，给出了更加一般的有限时间稳定的定义，并基于 Lyapunov 函数给出了判定非线性系统有限时间稳定性的充分条件[201]。

在导弹制导控制领域，制导控制系统状态的有限时间稳定性问题也已经受到了重视。孙胜基于有限时间控制理论，设计了有限时间收敛寻的制导律[202]；丁世宏等人基于有限时间 Lyapunov 稳定性理论，设计了一种连续有限时间导引律[203]，该导引律在目标不作机动时，视线角速率会在有限时间内收敛到零，当目标机动时，视线角速率会收敛到原点附近的一个小邻域内。本章将根据非线性控制系统有限时间稳定性理论，研究式(4.9)的有限时间收敛性能。

下面给出非线性系统有限时间收敛的定义。考虑如下系统

$$\dot{\boldsymbol{x}}=\boldsymbol{f}(\boldsymbol{x},t),\quad \boldsymbol{f}(0,t)=0,\quad \boldsymbol{x}\in\mathbf{R}^n \tag{4.15}$$

其中，$\boldsymbol{f}:\boldsymbol{U}_0\times\mathbf{R}\to\mathbf{R}^n$ 在 $\boldsymbol{U}_0\times\mathbf{R}$ 上连续，而 $\boldsymbol{U}_0$ 是原点 $\boldsymbol{x}=0$ 处的一个开邻域。系统的平衡点 $\boldsymbol{x}=0$(局部) 有限时间收敛，是指对任意初始时刻 t_0 给定的初始状态 $\boldsymbol{x}(t_0)=\boldsymbol{x}_0\in\boldsymbol{U}$ 存在一个依赖于 $\boldsymbol{x}_0$ 的停息时间 $T\geqslant 0$，使得式(4.15) 以 $\boldsymbol{x}_0$ 为初始状态的解 $x(t)=\varphi(t,t_0,x_0)$ 有定义(可能不唯一)，并且

$$\lim_{t\to T(x_0)}\varphi(t,t_0,x_0)=0 \tag{4.16}$$

如果 $t>T(x_0)$，则 $\varphi(t,t_0,x_0)=0$。当 $t\in[t_0,T(x_0)]$ 时，$\varphi(t,t_0,x_0)\in U/\{0\}$。另外，系统的平衡点 $x=0$(局部) 有限时间收敛，是指它的 Lyapunov 稳定和在原点的一个邻域 $\boldsymbol{U}\in\boldsymbol{U}_0$ 里有限时间收敛。如果 $\boldsymbol{U}=\mathbf{R}^n$，则原点是全局有限时间稳定的平衡点。

基于非线性控制系统有限时间稳定性理论，有如下引理。

引理 4.1：考虑非线性系统 $\dot{\boldsymbol{x}}=\boldsymbol{f}(\boldsymbol{x},t)$，假定存在一个定义在原点的邻域 $\bar{\boldsymbol{U}}\subset\mathbf{R}^n$ 上的 $\boldsymbol{C}^1$(连续可微) 光滑函数 $\boldsymbol{V}(x,t)$，并且存在实数 $k>0$ 和 $\alpha\subset(0,1)$，使得 $\boldsymbol{V}(x,t)$ 在 $\bar{\boldsymbol{U}}$ 上正定，$\dot{\boldsymbol{V}}(\boldsymbol{x},t)+k\boldsymbol{V}^{\alpha}(x,t)$ 在 $\bar{\boldsymbol{U}}$ 上半负定，则系统的原点是有限时间稳定的。

证明　由 $\boldsymbol{V}(x,t)$ 在 $\bar{\boldsymbol{U}}$ 上正定和 $\dot{\boldsymbol{V}}(x,t)+k\boldsymbol{V}^{\alpha}(x,t)$ 在 $\bar{\boldsymbol{U}}$ 上半负定可得

$$\dot{\boldsymbol{V}}(x,t)\leqslant -k\boldsymbol{V}^{\alpha}(x,t)\quad \forall t\geqslant 0 \tag{4.17}$$

则 $\boldsymbol{V}(x,t)$ 满足不等式

$$\boldsymbol{V}^{1-\alpha}(x,t)\leqslant \boldsymbol{V}^{1-\alpha}(x,0)-k(1-\alpha)t,\quad 0\leqslant t\leqslant t_r \tag{4.18}$$

且有 $\boldsymbol{V}(x,t)=0$，$\forall t\geqslant T$，停息时间 T 依赖于初始值 $x(0)=x_0$，那么有 $\boldsymbol{V}(x,0)=\boldsymbol{V}(x_0,0)$，其上界是

$$T(x)\leqslant\frac{1}{k(1-\alpha)}V(x_0,0)^{1-\alpha} \tag{4.19}$$

其中，x_0 是原点某一开邻域中的任何一点。如果 $\bar{\boldsymbol{U}}=\mathbf{R}^n$，并且 $V(x,t)$ 是径向无界的，则系统的原点是全局有限时间稳定的。

证毕。

下面针对式(4.9) 系统，讨论所设计的非线性变结构控制律式(4.13) 的有限时间收敛性。根据滑模变结构控制理论，对式(4.9) 系统定义一个滑动面 $S=\boldsymbol{CX}$，其中，$\boldsymbol{C}\in\mathbf{R}^{1\times n}$ 为定常的，且满足 $\boldsymbol{Cg}_1(x)$ 非奇异，$\boldsymbol{U}(t)\in\mathbf{R}$，$\boldsymbol{W}(t)\in\mathbf{R}$，则 $S=\boldsymbol{CX}\in\mathbf{R}$，这样可以根据引理 4.1 进行设计分析。根据式(4.13) 所设计的变结构控制器 $\boldsymbol{U}(t)=\boldsymbol{U}_{\text{eq}}+\boldsymbol{U}_s+\boldsymbol{U}_n$，要使系统在有限时间内到达滑动模面，可以得到下面的定理。

定理 4.1:设外部扰动输入 $\boldsymbol{W}(t)$ 是有界的,且满足 $0<\|\boldsymbol{W}(t)\|<b$,采用式(4.13) 所给出的变结构控制算法,系统可在有限时间内到达平衡点。

证明 选取光滑正定函数

$$V=\frac{1}{2}S^2 \tag{4.20}$$

对(4.20) 求微分,并根据(4.14c) 可得

$$\begin{aligned} V=S\dot{S}=S[\boldsymbol{Cf}(\boldsymbol{X},t)+\boldsymbol{Cg}_1(\boldsymbol{X},t)\boldsymbol{U}(t)-\boldsymbol{Cg}_2(\boldsymbol{X},t)\boldsymbol{W}(t)]= \\ S\left(-K\operatorname{sgn}(S)+\boldsymbol{Cg}_2(\boldsymbol{X},t)\boldsymbol{W}-b\|\boldsymbol{Cg}_2(\boldsymbol{X},t)\|\frac{S}{|S|}\right) \end{aligned} \tag{4.21}$$

式(4.21) 进行变形可表示为

$$\dot{v}+SK\operatorname{sgn}(S)=S\boldsymbol{Cg}_2(\boldsymbol{X},t)\boldsymbol{W}-b\|\boldsymbol{Cg}_2(\boldsymbol{X},t)\||S| \tag{4.22}$$

考虑到

$$SK\operatorname{sgn}(S)=K|S|=\sqrt{2}KV^{0.5} \tag{4.23}$$

因此可得

$$\dot{v}+\sqrt{2}KV^{0.5}=S\boldsymbol{Cg}_2(\boldsymbol{X},t)\boldsymbol{W}-b\|\boldsymbol{Cg}_2(\boldsymbol{X},t)\||S|<0 \tag{4.24}$$

这样,根据引理 4.1 可知,系统在有限时间内趋于零点,即到达滑模面 $S=0$,并且是稳定的,有限时间函数 T 满足

$$T(x)\leqslant\frac{\sqrt{2}}{K}V(S_0)^{\frac{1}{2}} \tag{4.25}$$

其中,S_0 为切换函数 S 的初始值。

根据式(4.21) 可得

$$\dot{v}<-SK\operatorname{sgn}(S)<0 \tag{4.26}$$

因此,式(4.13)的变结构控制算法满足 Lyapunov 稳定性定理。

4.3.3 制导律设计

对于式(4.9) 所示的非线性系统,期望的平衡位置为 $\boldsymbol{x}_s=0$。考虑到闭环系统的稳定性,设计的控制输入 $\boldsymbol{u}$ 能够保证有限时间内系统的状态从某一个初始状态转移到零态。结合式(4.8),将式(4.9) 中的参变量 t 替换为弧长变量 s,在此取滑模面

$$S=c\boldsymbol{x}_2 \tag{4.27}$$

其中,c 为正常数。这样取滑模面函数的目的是希望在滑模面上能够满足 $\boldsymbol{e}'_r=\boldsymbol{0}$ 的理想导引要求,也就是零化弹目视线角速率,使得导引弹道更加平直。设系统轨迹运动的能量函数(Lyapunov 函数)为 $\boldsymbol{V}=\boldsymbol{SS}^{\mathrm{T}}/2$,设计的目的是构造导弹的弹道曲率和挠率,使 $\boldsymbol{V}$ 沿着拦截系统微分方程式(4.5) 的运动是收敛的,即满足 $\boldsymbol{V}\geqslant\boldsymbol{0},\boldsymbol{V}'<\boldsymbol{0}$,对于一切 $S\in[r_0,r_f]$ 成立,同时在滑动平面上应保证视线角速率等于零。

因此,结合上述分析,式(4.14a) 的等效控制项可以表示为

$$\boldsymbol{u}_{\mathrm{eq}}=m^2k_t\boldsymbol{n}_t-r''\boldsymbol{e}_r-2r'\boldsymbol{e}_r=m^2k_t\boldsymbol{n}_t-r''\boldsymbol{e}_r-2r'(\omega\times\boldsymbol{e}_r) \tag{4.28}$$

式(4.14b) 的比例导引项可以表示为

$$u_s=-[cg_1(x,t)]^{-1}kS=rk(\boldsymbol{\omega}\times\boldsymbol{e}_r) \tag{4.29}$$

对系统的不确定部分的控制项,只需要知道不确定项的范围即可,变结构项可以表示为

$$u_n = -[cg_1(x,t)]^{-1} \| cg_2(x,t) \| bS / \| S \| = r \cdot r/m^2 \cdot b \cdot \boldsymbol{e}'_r / \| \boldsymbol{e}'_r \| = m^2 b(\boldsymbol{e}_\omega \times \boldsymbol{e}_r)\mathrm{sign}(\theta') \tag{4.30}$$

因此，结合式(4.28)、式(4.29) 和式(4.30)，基于变结构理论的微分几何制导律可以表示为

$$u = u_{\mathrm{eq}} + u_s + u_n = m^2 k_t \boldsymbol{n}_t - r'' \boldsymbol{e}_r - 2r'(\boldsymbol{\omega} \times \boldsymbol{e}_r) + rk(\boldsymbol{\omega} \times \boldsymbol{e}_r) + m^2 b(\boldsymbol{e}_\omega \times \boldsymbol{e}_r)\mathrm{sign}(\theta') \tag{4.31}$$

将式(4.31) 变形可得

$$k_m \boldsymbol{n}_m = m^2 k_t \boldsymbol{n}_t - r'' \boldsymbol{e}_r - 2r'(\omega \times \boldsymbol{e}_r) + rk(\omega \times \boldsymbol{e}_r) + m^2 b(\boldsymbol{e}_\omega \times \boldsymbol{e}_r)\mathrm{sign}(\theta') \tag{4.32}$$

式(4.32) 两边同时点乘$(\boldsymbol{e}_\omega \times \boldsymbol{e}_r)$后变形可得曲率指令表达式

$$k_m = \frac{m^2 k_t \boldsymbol{n}_t \cdot (\boldsymbol{e}_\omega \times \boldsymbol{e}_r)}{\boldsymbol{n}_m \cdot (\boldsymbol{e}_\omega \times \boldsymbol{e}_r)} - \frac{2r'\theta' - rk\theta' - m^2 b\mathrm{sign}(\theta')}{\boldsymbol{n}_m \cdot (\boldsymbol{e}_\omega \times \boldsymbol{e}_r)} \tag{4.33}$$

式(4.33) 是零化视线角速率的弹道曲率控制项，若要保证在拦截过程中不出现奇异，式(4.33) 中的分母项不能为零，即 $\boldsymbol{n}_m \cdot (\boldsymbol{e}_\omega \times \boldsymbol{e}_r) \neq 0$，否则设计的制导曲率指令将无效，假设初始条件满足

$$\boldsymbol{n}_m \cdot (\boldsymbol{e}_\omega \times \boldsymbol{e}_r) = \boldsymbol{n}_{m0} \cdot (\boldsymbol{e}_{\omega 0} \times \boldsymbol{e}_{r0}) = l_1 \neq 0 \tag{4.34}$$

即在拦截过程中，$\boldsymbol{n}_m \cdot (\boldsymbol{e}_\omega \times \boldsymbol{e}_r)$ 的符号保持不变，否则由于 $\boldsymbol{n}_m \cdot (\boldsymbol{e}_\omega \times \boldsymbol{e}_r)$ 的连续性，如果在拦截过程中出现变号，则一定存在一点满足 $\boldsymbol{n}_m \cdot (\boldsymbol{e}_\omega \times \boldsymbol{e}_r) = 0$，此时导弹的曲率指令将出现奇异。因此，常用的方法是假设 $\boldsymbol{n}_m \cdot (\boldsymbol{e}_\omega \times \boldsymbol{e}_r)$ 在拦截过程中保持为常值。对式(4.34) 两边求微分可得

$$\tau_m = k_m \frac{\boldsymbol{t}_m \cdot \boldsymbol{e}_\omega \times \boldsymbol{e}_r}{\boldsymbol{b}_m \cdot \boldsymbol{e}_\omega \times \boldsymbol{e}_r} - \frac{\boldsymbol{n}_m \cdot \boldsymbol{e}'_\omega \times \boldsymbol{e}_r}{\boldsymbol{b}_m \cdot \boldsymbol{e}_\omega \times \boldsymbol{e}_r} + \theta' \frac{\boldsymbol{n}_m \cdot \boldsymbol{e}_r}{\boldsymbol{b}_m \cdot \boldsymbol{e}_\omega \times \boldsymbol{e}_r} \tag{4.35}$$

4.3.4　捕获条件分析

为保证拦截过程中弹道挠率指令不出现奇异，应使 $\boldsymbol{b}_m \cdot (\boldsymbol{e}_\omega \times \boldsymbol{e}_r)$ 不等于零，参考文献[121-123]，若保证不脱靶，初始捕获条件需满足

$$0 < r_0 \theta'_0 = l_2 < l_3 - m \tag{4.36}$$

$$(l_1 + m)^2 + a^2 < 1 \tag{4.37}$$

其中，$m < l_3 < 1, l_1^2 + l_3^2 < 1$。但这种初始捕获条件过于保守，考虑到 Frenet 标架内的三个基准向量满足式(4.38)

$$(\boldsymbol{b}_m \cdot (\boldsymbol{e}_\omega \times \boldsymbol{e}_r))^2 = 1 - (\boldsymbol{t}_m \cdot (\boldsymbol{e}_\omega \times \boldsymbol{e}_r))^2 - (\boldsymbol{n}_m \cdot (\boldsymbol{e}_\omega \times \boldsymbol{e}_r))^2 \tag{4.38}$$

在弹目拦截过程中，将 $\boldsymbol{b}_m \cdot (\boldsymbol{e}_\omega \times \boldsymbol{e}_r)$ 的值固定来取代保证 $\boldsymbol{n}_m \cdot (\boldsymbol{e}_\omega \times \boldsymbol{e}_r)$ 非零，即

$$\boldsymbol{b}_m \cdot (\boldsymbol{e}_\omega \times \boldsymbol{e}_r) = \boldsymbol{b}_{m0} \cdot (\boldsymbol{e}_{\omega 0} \times \boldsymbol{e}_{r0}) = l_4 \tag{4.39}$$

式(4.38) 两边对弧长变量 s 取导数，并运用 Frenet 公式可得

$$\tau_m = \frac{\boldsymbol{b}_m \cdot (\boldsymbol{e}'_\omega \times \boldsymbol{e}_r)}{\boldsymbol{n}_m \cdot (\boldsymbol{e}_\omega \times \boldsymbol{e}_r)} - \theta' \frac{\boldsymbol{b}_m \cdot \boldsymbol{e}_r}{\boldsymbol{n}_m \cdot (\boldsymbol{e}_\omega \times \boldsymbol{e}_r)} \tag{4.40}$$

结合式(4.36)、式(4.37) 和式(4.39)，初始条件可表示为

$$(l_2 + m)^2 + l_4^2 < 1 \tag{4.41}$$

根据式(4.38) 可知

$$(\boldsymbol{n}_m \cdot (\boldsymbol{e}_\omega \times \boldsymbol{e}_r))^2 = 1 - (\boldsymbol{t}_m \cdot (\boldsymbol{e}_\omega \times \boldsymbol{e}_r))^2 - (\boldsymbol{b}_m \cdot (\boldsymbol{e}_\omega \times \boldsymbol{e}_r))^2 > 1 - l_3^2 - l_4^2 > 0 \tag{4.42}$$

综上可知，$\boldsymbol{n}_m \cdot (\boldsymbol{e}_\omega \times \boldsymbol{e}_r) \neq 0$，即在拦截过程中，曲率指令和挠率指令都不会出现奇异，式(4.36)、式(4.37)和式(4.41)构成了微分几何制导的初始捕获条件，当弹目初始信息满足该条件时，能保证导弹有效拦截目标，这与2.4.4节的分析一致。

式(4.33)和式(4.35)为微分几何制导的曲率指令和挠率指令，制导曲率指令作用在拦截器运动轨迹法向，即$\boldsymbol{n}_m$方向，式(4.33)右边第一项是沿$\boldsymbol{e}_\omega \times \boldsymbol{e}_r$方向，第二项主要是为了补偿非零视线转速$\omega'$，其中$m^2 b\mathrm{sign}(\theta')/\boldsymbol{n}_m \cdot (\boldsymbol{e}_\omega \times \boldsymbol{e}_r)$项主要是对目标机动引起的视线转速偏差起到补偿作用。如果将$m^2 b\mathrm{sign}(\theta')/\boldsymbol{n}_m \cdot (\boldsymbol{e}_\omega \times \boldsymbol{e}_r)$项去除，$k$取$\dot{r}/r$，那么式(4.33)的表达式同第二章2.4节基于虚拟指向速度设计的制导曲率指令相同。根据空间矢量旋转关系可知，在实际拦截过程中，弹目视线旋转角速度满足下式：

$$\left.\begin{aligned} \boldsymbol{\omega} &= \boldsymbol{e}_r \times \boldsymbol{e}'_r \\ \boldsymbol{e}_\omega &= \boldsymbol{\omega} / \|\boldsymbol{\omega}\| \end{aligned}\right\} \tag{4.43}$$

利用公式(4.33)、式(4.35)和式(4.43)可以计算导弹运动的曲率指令和挠率指令。

考虑到式(4.33)中含有开关函数项，因为理想的继电特性在实际上不可能执行，在实际系统中由于控制量的切换总是有一定的时间滞后，所以会造成抖振，为了削弱抖振，可以对非连续函数进行光滑处理，即将$\mathrm{sign}(\theta')$项变为$\theta'/(|\theta'|+\delta)$，$\delta$为一小正数。

4.3.5 仿真结果与分析

仿真1：为检验设计的制导律的有效性，对其进行仿真验证，初始参数设为，导弹速度为1 000 m/s，目标速度为400 m/s，导弹的初始位置(0,0,0) m，目标的初始位置为(0,10 000,0) m，导弹速度初始单位切向量$\boldsymbol{t}_{m0}=(0.5,0.866,0)$，单位法向量$\boldsymbol{n}_{m0}=(-0.866,0.5,0)$，单位副法向量$\boldsymbol{b}_{m0}=(0,0,1)$，目标初始单位切向量$\boldsymbol{t}_{t0}=(0.939,-0.342,0)$，单位法向量$\boldsymbol{n}_{t0}=(0.342,0.939,0)$，单位副法向量$\boldsymbol{b}_{t0}=(0,0,1)$，导弹曲率和挠率分别为$k_m=0$，$\tau_m=0$，目标的曲率和挠率分别为$k_t=0.000\,08$，$\tau_t=0.000\,02$。导弹最大可用过载为$25g$，其曲率和挠率指令在Frenet坐标系向时间域坐标系中过载转化关系参考2.4.5节，此处不再赘述。目标加速度采用第5章估计算法。根据弹目初始相对信息计算可知：$r_0\theta'_0=0.18<1-m$，满足拦截的捕获条件，其中，脱靶量和拦截时间均来自蒙特卡洛仿真；在弹目拦截的过程中，选取视线转率作为基准，同时选取导引头的测量误差为0.01 deg/s。其仿真结果如图4.1所示。

根据仿真结果可知，设计的基于变结构控制的微分几何制导律(Differential Geometric guidance law based on Variable structure control，简称VDG)的拦截时间统计值为11.012 s，脱靶量统计值为1.863 m，而采用传统微分几何制导律(DGG)拦截时间统计值为11.183 s，脱靶量统计值为3.355 m。由图4.1(a)可知，相对于DGG制导，采用VDG制导时，弹道更加平滑，弹道曲率变化较小。由图4.1(b)视线角速率随时间变化曲线可知，相对于DGG，采用VDG制导时的视线角速率变化更小，并且末段视线角速率趋于平稳值，其主要原因是在拦截的初始阶段，导弹运用自身过载积极补偿目标机动引起的视线角速率变化，使得在拦截的末段视线角速率变化较小，趋于零值变化。这与本书基于零化视线角速率的设计思想相一致。由导弹过载曲线图4.1(c)和图4.1(d)可知，采用VDG制导时，导弹纵向过载变化没有出现奇异，整体幅值变化较小，变化过程平缓。在拦截的末段，过载幅值变化较小且变化趋势较为平稳；而采用DGG制导时的过载幅值变化较大，尤其在拦截的末段，导弹强制补偿目标机动带来的影响，出现过载激增现象。

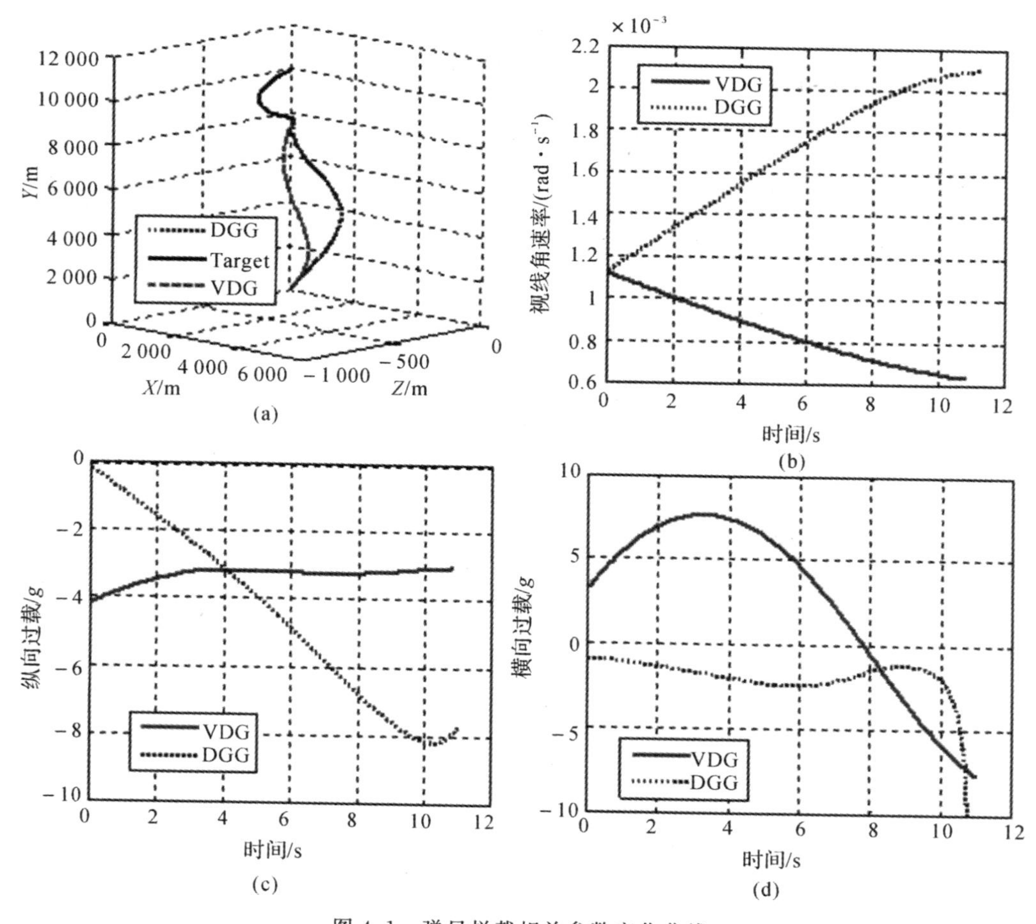

图 4.1　弹目拦截相关参数变化曲线

(a) 弹目拦截曲线；(b) 视线角速率与时间关系曲线；(c) 纵向过载与时间关系曲线；(d) 横向过载与时间关系曲线

仿真 2:为进一步检验设计制导律的制导性能,假设目标在三维空间做蛇形机动,目标和导弹的速度同仿真 1,导弹的初始位置(0,0,0) m,目标的初始位置(6 000,8 000,0)m。导弹的三个初始向量为 $\boldsymbol{t}_{m0}=(0.625\,5,0.834\,1,0)$,$\boldsymbol{n}_{m0}=(-0.8341,0.6255,0)$ 和 $\boldsymbol{b}_{m0}=(0,0,1)$,初始曲率和挠率分别为 $k_m=0$ 和 $\tau_m=0$。目标的初始向量为 $\boldsymbol{t}_{t0}=(0.939,-0.342,0)$,$\boldsymbol{n}_{t0}=(0.342,0.939,0)$ 和 $\boldsymbol{b}_{t0}=(0,0,-1)$,机动的曲率和挠率分别为 $k_t=0.00019\mathrm{sign}(\sin(\pi t/8))$ 和 $\tau_t=0.000\,19\mathrm{sign}(\sin(\pi t/8))$,弹目相对信息初始条件满足 $r_0\theta'_0=0.109\,0<1-m$,仿真结果如图 4.2 所示。

根据仿真结果可知,利用 VDG 制导时的拦截时间为 12.022 s,小于 DGG 的制导时间 12.162 s。DGG 的制导精度为 4.282 m,VDG 的制导精度为 2.063 m。根据两者的过载曲线可知,在导弹的纵向通道,VDG 和 DGG 的最大过载幅值分别为 4.231g 和 12.452g,同理,在导弹的横向通道中,VDG 和 DGG 的过载幅值分别为 4.923g 和 14.201g。即相对于 DGG 制导,VDG 对过载的要求大大降低。根据图 4.2(b)可知,由于目标的机动,DGG 制导时的弹目视线角速率在拦截的末段会出现增大现象,而采用 VDG 制导时,弹目拦截的视线角速率变化较为平稳,这也使得导弹的俯仰通道和偏航通道过载变化相对较为平稳,即 VDG 能够在拦截的初始阶段积极补偿目标机动带来的影响，使得拦截的末段视线角速率变化小，过载变化平稳。

综上可知，在机动目标拦截过程中，相对于 DGG 制导律，VDG 表现出更加良好的制导性能。

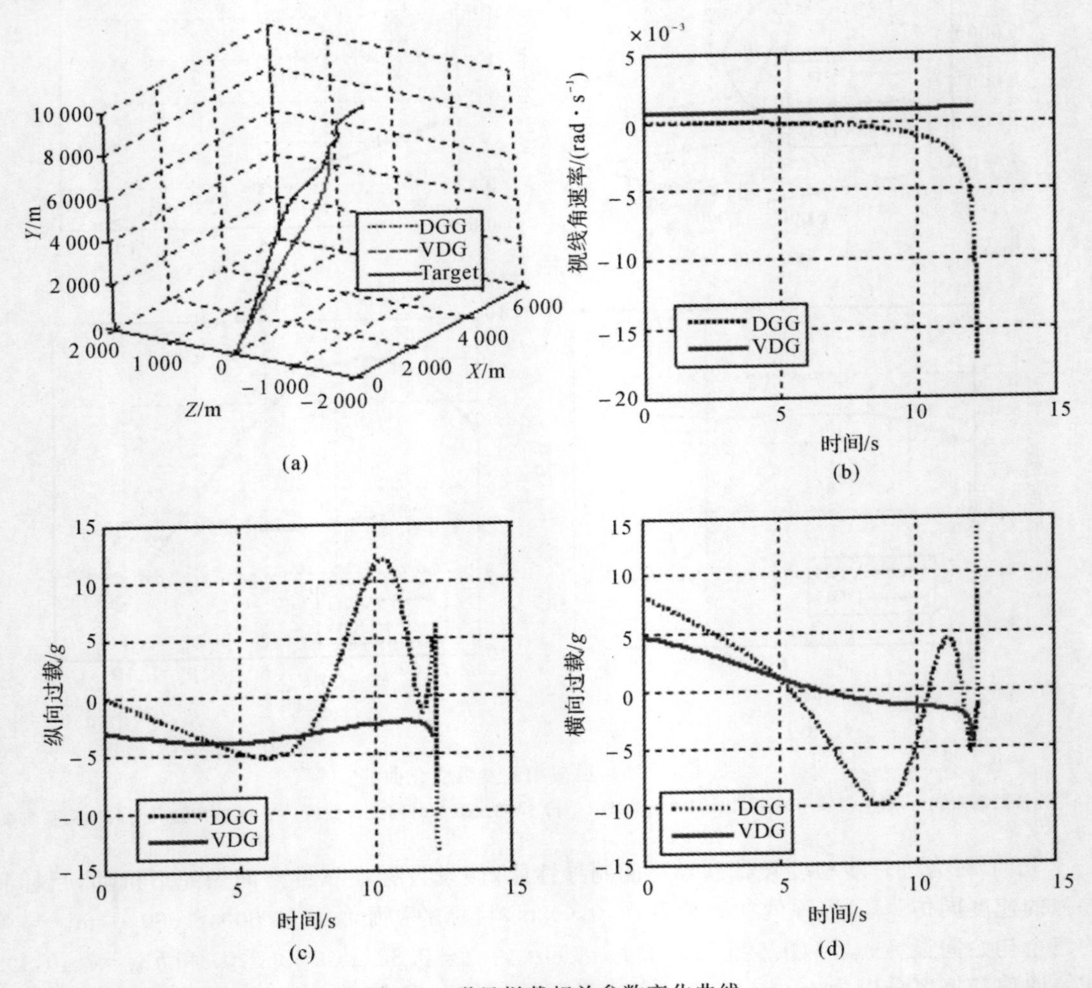

图 4.2 弹目拦截相关参数变化曲线

(a)弹目拦截曲线； (b)视线角速率与时间关系曲线； (c)纵向过载与时间关系曲线； (d)横向过载与时间关系曲线

4.4 基于二阶滑模控制理论的微分几何制导律

4.4.1 微分包含相关知识

1. 微分包含定义

微分包含理论大约产生于二十世纪五六十年代。在描述物理、力学、工程和微观经济学等方面的系统模型时一般都是使用确定的模型，即微分方程。但在现实生活及科学实践中，通常确定的模型并不适合描述某些动态系统，例如，微分方程 $\dot{x}(t)=f(t,x(t))$ 中，通常是假定方程的右端是连续函数，但 $f(t,x)$ 的连续性在很多实际问题中难以保证。若把 $f(t,x)$ 嵌入到集值映射 $F(x,t)$ 中，就将研究 $f(t,x)$ 转化为研究微分包含 $\dot{x}\in F(t,x(t))$[当 $F(t,x(t))$ 有足够的正则性质，就可以把微分包含的解与微分方程的解紧密的联系起来]。微分包含正是基于对系统过程有一定的了解但又不完全确定的系统而建立起来的动力系统，用于揭示不确定动力系统以及不连续动力系统的规律[204-209]。另外，控制理论的需要也促进了微分包含理论的蓬勃发展。

考虑由微分方程所确定的控制系统

$$\dot{x}(t)=f(t,x,\boldsymbol{U}),\quad u(t)\in\boldsymbol{U} \tag{4.44}$$

若式(4.44)是可测的，引入多值函数 $F(t,x)=f(t,x,\boldsymbol{U})$，则问题转化为研究微分包含

$$\dot{x}\in F(t,x(t)) \tag{4.45}$$

在适当的假设条件下，如果给定一个可测函数 $u(t)$，式(4.44)的解 $x(t)$ 存在，则这个解轨道也是由式(4.44)控制系统派生出来的微分包含式(4.45)的解。反之，如果 $x(t)$ 是式(4.45)的解，则根据隐函数的 Filippov 引理可以找到一个 $u(t)\in\boldsymbol{U}$，使式(4.44)成立。利用微分包含可以研究更复杂的控制系统：

(1) 闭环控制系统

$$\dot{x}(t)=f(t,x(t),u(t)),\quad u(t)\in\boldsymbol{U}(t,x(t)) \tag{4.46}$$

(2) 暗控制系统

$$f(t,x(t),\dot{x}(t),u(t))=0,\quad u(t)\in\boldsymbol{U}(t,x(t)) \tag{4.47}$$

(3) 不定控制系统

$$\dot{x}(t)\in f(t,x(t),u(t))+\varepsilon(t,x)\boldsymbol{B},\quad u(t)\in\boldsymbol{U}(t,x(t)) \tag{4.48}$$

在式(4.46)中令 $F(t,x)=f(t,x(t),\boldsymbol{U}(t,x))$，在式(4.47)中令 $F(t,x)=\{v:0\in f(t,x,v,\boldsymbol{U}(t,x))\}$，式(4.48)中令 $F(t,x)=f(t,x(t),\boldsymbol{U}(t,x))+\varepsilon(t,x)\boldsymbol{B}$，这样式(4.46)～式(4.48)可以用微分包含式(4.45)来代替。

在非光滑最优控制和优化理论中，引入微分包含也是很自然的。例如，经典的Hamilton-Jacobi-Bellman 方程(HJB 方程)：

$$\left.\begin{aligned}-\dot{p}(t)&=\nabla_x H(x(t),p(t))\\ \dot{x}(t)&=\nabla_p H(x(t),p(t))\end{aligned}\right\} \tag{4.49}$$

其中，H 是 Hamilton 函数。但式(4.49)仅在 H 光滑时才成立，而描述实际系统的 Hamilton 函数通常是不光滑的。1975 年，F. H. Clarke 将凸函数的次微分和广义导数概念推广到一般的 Lipschtz 函数类，从而对非光滑系统，可以利用广义梯度给出上述 HJB 方程的推广

$$\begin{bmatrix}-\dot{p}(t)\\ \dot{x}(t)\end{bmatrix}\in\partial H(x(t),p(t)) \tag{4.50}$$

在此，$\partial H(x(t),p(t))$ 是 Hamilton 函数 $H(x(t),p(t))$ 的广义梯度，从而把 HJB 方程的这类推广归结为形如式(4.50)的微分包含。

另外，集值分析的发展为微分包含理论的研究打下了坚实基础。由于微分包含的右端是一个集值函数，因此研究微分包含的性质时，通常要求多值函数具有一定的性质，如可测性、连续性、紧性等。连续选择作为集值分析的基本内容，广泛应用于微分包含。若该多值函数存在连续选择，则微分包含解的存在性问题就可转化为一般微分方程解的存在性问题；若相应于该

多值函数的多值 Nemisky 算子作为一个多值函数存在连续选择，则微分包含解的存在性问题可转化为单值函数的不动点问题。1956 年，Micheal 给出了著名的连续选择定理[210]，这一结果要求多值函数取闭凸值，去掉凸性一般不成立。1998 年，Bressan 和 Colombo 利用可分解值代替凸性证明了从可分距离空间到 $L'(T, X)$ 取闭可分解值下半连续的多值函数具有连续选择[211]。20 世纪 90 年代，Tolstonogov 研究了多值函数端点连续选择，为研究微分包含端点解创造了条件[212-213]。总之，集值分析理论在微分包含及其应用领域发挥着越来越重要的作用。

目前，微分包含已成为一般微分方程理论的一个独立分支，并且有着广泛的应用，也吸引了更多的学者从事这方面的研究。

2. 微分包含基础知识

集值分析是非线性分析的重要组成部分。它始于 20 世纪 40 年代，在最近几十年里得到了迅猛发展，被广泛地应用于控制论、非线性最优化、生物数学、非光滑分析和微分包含等领域。它是在泛函分析、点集拓扑、抽象代数以及凸分析的基础上研究集值映射的基本性质(如分析性质等)的一门新兴数学学科。集值映射的严格定义如下[105,207-209]。

定义 4.1：设 $\boldsymbol{X}$ 和 $\boldsymbol{Y}$ 是两个集合，集值映射 $F:\boldsymbol{X}\rightarrow 2^Y$ 是指对于任意的 $x\in\boldsymbol{X}$，存在一个非空集合 $\boldsymbol{F}(x)\subset\boldsymbol{Y}$ 与之相对应。

对任意 $x\in\boldsymbol{X}$，$\boldsymbol{F}(x)$ 称为 $\boldsymbol{F}$ 在点 x 的值或像，定义集值映射 $\boldsymbol{F}$ 的定义域为

$$\mathrm{Dom}(\boldsymbol{F})=\{x\in\boldsymbol{X}\mid\boldsymbol{F}(x)\neq\boldsymbol{\Phi}\}\tag{4.51}$$

集值映射 $\boldsymbol{F}$ 在 $\boldsymbol{X}\times\boldsymbol{Y}$ 中的图记为

$$\mathrm{Graph}(\boldsymbol{F})=\{(x,y)\mid y\in\boldsymbol{F}(x)\}\tag{4.52}$$

集值映射 $\boldsymbol{F}$ 的值域记为 $IM(\boldsymbol{F})=\bigcup_{x\in X}\boldsymbol{F}(x)=\bigcup_{x\in\mathrm{Dom}(\boldsymbol{F})}\boldsymbol{F}(x)$。

定义 4.2：设 $\boldsymbol{F}$ 是一个集值映射，若对任意 $x\in\boldsymbol{X}$，$\boldsymbol{F}(x)$ 为闭(凸，有界，紧)集，则称 F 是闭(凸，有界，紧)值映射。若 Graph($\boldsymbol{F}$) 为闭(凸，闭凸)集，则称 $\boldsymbol{F}$ 是闭(凸，闭凸)映射。

定义 4.3：如果 $\boldsymbol{F}$ 在 $x_0\in\boldsymbol{X}$ 上是上半连续也是下半连续的，称 $\boldsymbol{F}$ 在 x_0 是连续的。如果 $\boldsymbol{F}$ 在每一点 $x\in\boldsymbol{X}$ 是连续的，称 $\boldsymbol{F}$ 是连续的。对于微分包含，如果向量函数 $x(t)$ 有连续导数并且满足式 $\mathrm{d}x/\mathrm{d}t\in\boldsymbol{F}(t,x)$，则向量函数 $x(t)$ 称为经典解。如果向量函数 $x(t)$ 绝对连续并且满足式 $\mathrm{d}x/\mathrm{d}t\in\boldsymbol{F}(t,x)$，则向量函数 $x(t)$ 称为解。

定义 4.4：设 $\boldsymbol{F}$ 是一个集值映射，如果 $x\in\boldsymbol{F}(x)$，则称 x 为 $\boldsymbol{F}$ 的不动点。

记 $I:=[0,1]$，$AC^1(\boldsymbol{I},\mathbf{R})=\{y:\boldsymbol{I}\rightarrow\mathbf{R}$ 可微并且 Y 绝对连续$\}$，按范数 $\|x\|=\max\{|x(t)|:t\in\boldsymbol{I}\}$ 构成 Banach 空间，$bcc(R)$ 表示 R 的非空有界闭凸子集组成的集合。$\{D:\{x:\boldsymbol{I}\rightarrow\boldsymbol{R},x$ 在 $\boldsymbol{I}$ 上连续$\}\}$，对 $q>0$，$B_q=\{x\in\boldsymbol{D}:\|x\|\leqslant q\}$，则 B_q 是 $\boldsymbol{D}$ 上的有界闭凸集。

微分包含的产生具有非常重要的现实意义，它是集值分析的一个重要分支，从某种意义上讲，微分方程就是微分包含的一种特殊情况。

3. 微分包含的齐次性

对于微分包含 $\dot{x}(t)\in\boldsymbol{F}(t,x(t))$，如果微分包含 $x\in\boldsymbol{E}(x)$，$x\in\mathbf{R}^m$ 满足下列条件：

(1)$\boldsymbol{E}(x)$ 是封闭的非空凸集；

(2)$\boldsymbol{E}(x)\subset\{v\in\mathbf{R}^m\mid\|v\|\leqslant\rho(x)\}$，$\rho(\zeta)$ 是一连续函数；

(3)$\boldsymbol{E}(x')$ 和 $\boldsymbol{E}(x)$ 的距离随着 $x' \to x$ 而趋于零。

那么该微分包含称为 Filippov 微分包含[213]。Filippov 微分包含的解是绝对连续并且处处满足微分包含的，并且解总是存在的。如果微分方程 $\dot{x}(t)=f(x)$ 用 Filippov 微分包含 $\dot{x}(t) \in \boldsymbol{F}(x)$ 来代替，那么 $\dot{x}(t)=f(x)$ 的右端项是局部有界和 Lebesgue 可测的。在一般情况下，当 $f(x)$ 几乎处处连续时，那么 $\boldsymbol{F}(x)$ 可以看做相对于 x 的 $f(x)$ 极限的凸集。

定义 4.5：对于向量集 $\boldsymbol{F}(x) \subset \mathbf{R}^n$，$x \in \mathbf{R}^n$ 或者向量场 $f:\mathbf{R}^n \to \mathbf{R}^n$ 和映射膨胀 $d_k:(x_1,x_2,\cdots,x_n) \mapsto (\kappa^{m_1}x_1,\kappa^{m_2}x_2,\cdots,\kappa^{m_n}x_n)$，$m_1,m_2,\cdots m_n>0$，如果对于 $\forall \kappa>0$ 满足 $f(x)=\kappa^{-q}f(d_\kappa x)$，即分别满足

$$\boldsymbol{F}(x)=\kappa^{-q}d_\kappa^{-1}\boldsymbol{F}(d_\kappa x) \tag{4.53}$$

$$f(x)=\kappa^{-q}d_\kappa^{-1}\boldsymbol{f}(d_\kappa x) \tag{4.54}$$

那么 $\boldsymbol{F}(x)$ 是具有 q 度的齐次性的。通过设计合适的比例权重 $m_1,m_2\cdots m_n$，非空齐次度 q 可以按比例确定为 ± 1。同理可以看出向量场 $\boldsymbol{f}(x)$ 和向量域 $F(x)$ 的齐次性对于时间是保持不变的，即

$$\boldsymbol{G}_\kappa:(t,x) \mapsto (\kappa^p t,d_\kappa x),p=-q \tag{4.55}$$

对于集合 $\boldsymbol{D}$，如果满足 $\boldsymbol{D}_\kappa \subset \boldsymbol{D}$，$\kappa<1$，则 $\boldsymbol{D}$ 称为可缩集合。下面介绍微分包含稳定性的定义。

(1) 对于微分包含 $\dot{x} \in \boldsymbol{F}(\boldsymbol{x})(\dot{x}=\boldsymbol{f}(\boldsymbol{x}))$，如果它满足 Lyapunov 稳定性并且对于任意 $R>0$ 存在 $T>0$，对于 $\|\boldsymbol{x}\|<R$ 的轨迹总在时间 T 内稳定到零点，那么微分包含就是全局有限时间收敛。

(2) 对于微分包含 $\dot{x} \in \boldsymbol{F}(x)(\dot{x}=f(x))$，如果它满足 Lyapunov 稳定性并且对于任意 $R>0$，$\varepsilon>0$，$T>0$，对于 $\|x\|<R$ 的轨迹总在时间 T 内进入 $\|x\|<\varepsilon$ 区域并保持稳定，那么微分包含就是全局渐进有限时间收敛。

(3) 对于齐次性的微分包含 $\dot{x} \in \boldsymbol{F}(x)(\dot{x}=f(x))$，如果存在 2 个紧集 $\boldsymbol{D}_1$、$\boldsymbol{D}_2$ 和 $T>0$，$\boldsymbol{D}_2$ 在 $\boldsymbol{D}_1$ 边界内并包含零点，$\boldsymbol{D}_1$ 是可缩集合，并且从零点开始的轨迹在时间 T 内稳定在 $\boldsymbol{D}_2$ 内，那么齐次微分包含就是收缩的。

为了说明齐次微分包含的控制应用，下面给出微分包含的几个引理[105][209]。

引理 4.2：假设非线性系统 $\dot{x}=f(x)$ 满足如下条件：

(1)$f \in C(\mathbf{R}^n,\mathbf{R}^n)$，$f(0)=0$；

(2)f 是齐次性的，即存在 $(r_1,r_2\cdots,r_n) \in (0,+\infty)^n$ 以及 $\tau \in R$ 满足

$$f_i(t^{r_1}x_1,t^{r_2}x_2,\cdots t^{r_n}x_n)=t^{\tau+r_1}f_i(x_1,x_2,\cdots x_n),\quad \forall t>0,\quad \forall x=(x_i)_{i=1,n} \in \mathbf{R}^n\backslash\{0\};$$

(3)$x=0$ 是系统 $\dot{x}=f(x)$ 的局部渐近稳定的平衡点。

设 p 是一个正整数，k 是一个实数并且大于 $p.\max_{1\leqslant i\leqslant n}r_i$，那么系统必定存在一个光滑 Lyapunov 函数 $V:\boldsymbol{R}^n \to \mathbf{R}$，满足：

(1)$V \in C^p(\boldsymbol{R}^n,\boldsymbol{R}) \cap C^\infty(\boldsymbol{R}^n\backslash\{0\},\boldsymbol{R})$；

(2)$V(0)=0$，$V(x)>0$，对于所有的 $x \neq 0$，以及当 $x \to \infty$ 时 $V(x) \to \infty$；

(3)V 是齐次性的，即

$$\forall x=(x_i)_{i=1,n} \in \mathbf{R}^n\backslash\{0\},\quad V(t^{r_1}x_1,t^{r_2}x_2,\cdots t^{r_n}x_n)=t^kV(x),\quad \forall t>0;$$

(4)$\forall x \neq 0$，$\nabla V(x).f(x)<0$。

这样，引理 4.2 保证了齐次性的微分包含系统存在一个光滑的 Lyapunov 函数。

引理 4.3:对于非线性系统 $\dot{x}=f(X,t)$,如果原点是函数 f 的一个渐近稳定平衡点,那么存在 $k>0,\alpha\in(0,1)$ 以及一个具有齐次性的 Lyapunov 函数 V,满足 $\dot{v}(x)\leqslant -kV(x)^{\alpha}$。

引理 4.4:考虑非线性系统 $\dot{x}=f(X,t)$,假设存在一个定义在原点的领域 $\bar{U}\subset\mathbf{R}^n$ 上的 C^1 光滑函数 $V(x,t)$,并且存在实数 $k>0$ 和 $\alpha\subset(0,1)$,使得 $V(x,t)$ 在 $\bar{U}$ 上正定,$\dot{v}(x,t)+kV^{\alpha}(x,t)$ 在 $\bar{\boldsymbol{U}}$ 上半负定,这里,$\dot{v}=\dfrac{\partial V}{\partial x}f(x)$,则系统原点是有限时间稳定的,并且收敛在时间函数 T,与光滑函数 V 满足下列不等式:

$$T(x)\leqslant\frac{1}{k(1-\alpha)}V(x_0)^{(1-\alpha)}\tag{4.56}$$

很明显,结合引理 4.2 ~ 引理 4.4 可以得到引理 4.5:

引理 4.5:如果原点是齐次性系统 $\dot{\boldsymbol{X}}=f(\boldsymbol{X},t)$ 的一个渐近稳定的平衡点,那么原点是 $f(\boldsymbol{X},t)$ 的一个有限时间收敛的平衡点。

以上介绍的各引理主要是针对齐次性系统的结论。下面针对齐次性的二阶滑模控制系统进行研究。

4.4.2 二阶滑模变结构控制律设计

4.3 节设计的非线性微分几何制导律虽然能够达到拦截效果,但是变结构控制过程中存在着控制的不连续项,虽然通过饱和函数法克服了可能由符号项带来的抖动,但这样容易造成制导信息的丢失。在实际工作中,我们不仅要求导弹具有很高的制导精度,还需考虑导弹本身的特性。普通的变结构控制容易导致控制的抖动,而控制的剧烈抖动是控制器不能实现的。为了削弱变结构的抖振现象,参考文献[105],采用二阶滑模控制的方法进行控制器设计。下面介绍高阶滑模的概念及其设计思路。

高阶滑模变结构控制就是在有限时间内,控制系统使得 $S=0,\dot{S}=0,\cdots S^{(k)}=0(1\leqslant k\leqslant n)$,其中,$n$ 为系统阶数,$S:R\to\mathbf{R}^n$ 是充分光滑的约束函数。文献[105]表明,$S(x,t)$ 偏离滑模流形 $S(x,t)=0$ 的距离与开关的延迟时间的平方成比例,由此提出了滑模阶的概念。其定义如下:

令 $S(x,t)=0$ 是一个充分光滑的约束方程,其中,$S:\mathbf{R}\to\mathbf{R}^n$。假设 S 对时间的微分 S,$\dot{S}\cdots,S^{(k-1)}$ 都存在且是 x 的单值函数,即约束函数 S 的前 $k-1$ 阶微分函数都是连续函数,即称等式

$$S=\dot{S}=\ddot{S}\cdots S^{(k-1)}=0\tag{4.57}$$

定义了 $k-th$ 滑模集。

定义 4.6:令 $k-th$ 滑模集(式(4.57))是非空的,且假定它是 Filippov 意义上的局部积分集,则满足式(4.57)的运动被称为基于约束函数 S 的 k - Sliding Mode (k-SM),即 k 阶滑模,当 $k=2$ 时,即为二阶滑模。

当 $S\equiv 0$ 时,S 的连续完全微分次数并不能代表滑模的特征,因为此时任意阶的微分都是无效的。滑模的特征应是在滑模邻域内 S 连续完全微分的次数,即 k 为当 $S^{(k)}$ 的一阶微分不连续或不存在时的数,k 被称为滑模阶。

高阶滑模的主要问题集中在怎样设计一类简单的滑模约束函数,以得到相应的滑模运动且满足约束集式(4.57)。目前提出的几种设计方法主要有任意阶滑模控制、时间最优滑模面、

最终滑模控制，以及 Lyapunov 滑模控制方法等[215-218]。由于高阶滑模的高阶导数不能得到或者求解过程相当复杂，因此大多数的高阶滑模控制主要是二阶滑模形式，这里以二阶滑模变结构控制为例进行控制器的设计。根据弹目拦截的微分几何模型，考虑下面的非线性仿射系统

$$\dot{\boldsymbol{X}}=\boldsymbol{f}(\boldsymbol{X},t)+\boldsymbol{g}_1(\boldsymbol{X},t)\boldsymbol{U}(t)+\boldsymbol{g}_2(\boldsymbol{X},t)\boldsymbol{W}(t) \tag{4.58}$$

式中，$\boldsymbol{X}\in\mathbf{R}^n$ 为系统状态变量；$\boldsymbol{U}(t)\in\mathbf{R}$ 为控制输入；$\boldsymbol{W}(t)\in\mathbf{R}$ 为系统外界干扰；$\boldsymbol{f}(X,t)$、$\boldsymbol{g}_1(X,t)$，$\boldsymbol{g}_2(X,t)$ 分别是具有相应维数的光滑向量函数。选取适当的滑模切换函数 $S=CX=x_n+c_{n-1}x_{n-1}+\cdots+c_2x_2+c_1x_1$ 确保系统进入滑动模态后具有满意的动态特性，计算 S 的微分可得

$$\dot{S}=\boldsymbol{C}f(X,t)+\boldsymbol{C}g_1(X,t)\boldsymbol{U}(t)+\boldsymbol{C}g_2(X,t)\boldsymbol{W}(t) \tag{4.59}$$

为了实现二阶滑模变结构控制，这里重新构造一个动态反馈系统如下：

$$\dot{S}=\boldsymbol{F}+\boldsymbol{U} \tag{4.60}$$

其中，$\boldsymbol{F}=\boldsymbol{C}g_2(\boldsymbol{X},t)W(t)$；$\boldsymbol{U}=\boldsymbol{C}f(X,t)+\boldsymbol{C}g_1(\boldsymbol{X},t)\boldsymbol{U}(t)$；系统控制输入 $\boldsymbol{U}\in\mathbf{R}$，$\boldsymbol{F}$ 是系统的不确定非线性项。本章考虑的问题是闭环系统的稳定问题，即设计有限控制 U 使得系统的状态 S_t 从某一初始状态开始运动，并在有限时间内转移到零点，即使系统 $S,\dot{S}\rightarrow 0$。取动态反馈系统如式(4.61)，

$$\left.\begin{aligned}\dot{y}_1&=-\alpha_1\,|y_1|^{p/p-1}\operatorname{sgn}(y_1)+y_2\\ \dot{y}_2&=-\alpha_2y_2^{p-1/p+1}\end{aligned}\right\} \tag{4.61}$$

其中，$y_1=S$。只要式(4.61)系统在有限时间到达零点，即 $y_1=y_2=0$，那么就满足 $S=\dot{S}=0$，即满足二阶滑模的条件。

4.4.3　有限时间收敛性分析

为分析式(4.61)的收敛性，在此给出以下结论。

结论 4.1：如果取 p 为 $p\geqslant 2$ 的偶数，$\alpha_1,\alpha_2>0$，那么式(4.61)系统是一个二阶滑模变结构控制系统，且系统是渐近稳定的，y 在有限时间内到达零点，系统到达零点的时间是初始条件的连续函数。

证明：取 Lyapunov 函数如下：

$$V=\frac{y_2^2}{2}+\frac{p+1}{2p}\alpha_2\,|y_1|^{2p/(p+1)}=\frac{y_2^2}{2}+\frac{p+1}{2p}\alpha_2y_1^{2p/(p+1)} \tag{4.62}$$

对式(4.62)求微分，取 p 为 $p\geqslant 2$ 的偶数时，$y_1^{(p-1)/(p+1)}=|y_1|^{(p-1)/(p+1)}\operatorname{sgn}(y_1)$，这样可得

$$\dot{V}=\frac{\partial V}{\partial y}\dot{y}=\left[\alpha_2y_1^{(p-1)/(p+1)},y_2\right]\begin{bmatrix}y_2-\alpha_1\,|y_1|^{p/(p+1)}\operatorname{sgn}(y_1)\\ -\alpha_2y_1^{(p-1)/(p+1)}\end{bmatrix}=-\alpha_1\alpha_2\,|y_1|^{(2p-1)/(p+1)}<0 \tag{4.63}$$

由于 p 为 $p\geqslant 2$ 的偶数，$\alpha_1>0$，$\alpha_2>0$，从式(4.63)可以看出 $V>0$，$\dot{V}<0$，满足 Lyapunov 稳定性定理，可以保证系统在一定时间内到达平衡点。根据 LaSalle 定理，集合 y：$\{V(y)=0\}$ 包含着轴 $y_1=0$，在集合 $y_1=0$ 中唯一不变集就是原点 $y_1=y_2=0$，因此可保证系统到达原点。证毕。

二阶滑模控制就是要保证系统在有限时间内到达滑动面，并保持 $S=0$ 和 $\dot{S}=0$。因为 $S=y_1$，通过上面的分析可发现系统满足 Lyapunov 稳定性条件，从而保证 $y_1=y_2=0$。根据式(4.61)可得在平衡点处 $y_1=\dot{y}_1=0$，即 $S=\dot{S}=0$，因此式(4.61)系统是一个二阶滑模控制

系统。

为了证明式(4.61)系统的有限时间收敛性,对式(4.61)和式(4.62)取膨胀运算

$$d_k:(y_1,y_2)\mapsto(k^{p+1}y_1,k^p y_2)$$

得

$$\left.\begin{aligned}k^{p+1}\dot{y}_1=&-\alpha_1\,|k^{p+1}y_1|^{p/(p+1)}\operatorname{sgn}(k^{p+1}y_1)+k^p y_2=\\&k^p(-\alpha_1\,|y_1|^{p/(p+1)}\operatorname{sgn}(y_1)+y_2)=k^{p+1-1}\dot{y}_1\\k^p\dot{y}_2=&-\alpha_2\,(k^{p+1}y_1)^{(p-1)/(p+1)}=k^{p-1}(-\alpha_2 y_1^{(p-1)/(p+1)})=k^{p-1}\dot{y}_2\end{aligned}\right\}\tag{4.64}$$

$$V=\frac{(k_p y_2)^2}{2}+\frac{p}{2p-2}\alpha_2\,(k^{p+1}y_1)^{2p/(p+1)}=k^{2p}\left\{\frac{y_2^2}{2}+\frac{p}{2p-2}\alpha_2 y_1^{2p/(p+1)}\right\}=k^{2p}V\tag{4.65}$$

由式(4.64)和式(4.65)可知,式(4.64)系统是一个对 $d_k:(y_1,y_2)\mapsto(k^{p+1}y_1,k^p y_2)$ 具有 -1 度的齐次性函数。式(4.62)系统也是一个具有齐次性的 Lyapunov 函数。根据引理 4.5,可以发现 $y_1=y_2=0$ 是式(4.61)系统的一个有限时间收敛的平衡点,并且时间是初始条件的连续函数。

下面给出系统趋于零点的时间 T,取一平滑函数

$$V=\frac{y_1^2}{2}\tag{4.66}$$

对式(4.66)求微分,并根据式(4.61)可得

$$\begin{aligned}\dot{V}=&\frac{\partial V}{\partial y}\dot{y}=[y_1,0]\begin{bmatrix}y_2-\alpha_1\,|y_1|^{p/(p+1)}\operatorname{sgn}(y_1)\\-\alpha_2 y_1^{(p-1)/(p+1)}\end{bmatrix}=y_1y_2-\alpha_1 y_1\,|y_1|^{p/(p+1)}\operatorname{sgn}(y_1)=\\&-\alpha_2 y_1\int y_1^{(p-1)/(p+1)}\mathrm{d}t-\alpha_1\,|y_1|^{(2p+1)/(p+1)}=\\&-\alpha_2 y_1\int|y_1|^{(p-1)/(p+1)}\operatorname{sgn}(y_1)\mathrm{d}t-\alpha_1\,|y_1|^{(2p+1)/(p+1)}=\\&-\alpha_2|y_1|\int|y_1|^{(p-1)/(p+1)}\mathrm{d}t-\alpha_1\,|y_1|^{(2p+1)/(p+1)}\end{aligned}\tag{4.67}$$

很明显,$\alpha_2|y_1|\int|y_1|^{(p-1)/(p+1)}\mathrm{d}t\geqslant 0$,所以

$$\dot{V}+\alpha_1\,|y_1|^{(2p+1)/(p+1)}\leqslant 0\tag{4.68}$$

即:

$$\dot{V}\leqslant-2^{\left(1-\frac{1}{2p+2}\right)}\alpha_1 V^{\left(1-\frac{1}{2p+2}\right)}\tag{4.69}$$

根据引理 4.4,有限时间 T 满足

$$T\leqslant\frac{2^{\frac{1}{2p+2}}p}{\alpha_1}V^{\frac{1}{2p+2}}\tag{4.70}$$

这样,根据式(4.60)和式(4.61)可得到下面的二阶滑模控制

$$\left.\begin{aligned}U=&-\alpha_1\,|S|^{p/(p+1)}\operatorname{sgn}(S)+y_2-F(t)\\\dot{y}_2=&-\alpha_2 S^{(p-1)/(p+1)}\end{aligned}\right\}\tag{4.71}$$

进一步可得式(4.58)系统的二阶滑模控制

$$\left.\begin{aligned}&U(t)=[\boldsymbol{C}g_1(X,t)]^{-1}[-\alpha_1\,|S|^{p/(p+1)}\operatorname{sgn}(S)+y_2-\boldsymbol{C}f(X,t)-\boldsymbol{C}g_2(X,t)W(t)]\\&\dot{y}_2=-\alpha_2 S^{(p-1)/(p+1)}\end{aligned}\right\}\tag{4.72}$$

以上是对二阶滑模控制系统的分析，下面以此为基础设计二阶滑模控制的微分几何制导律。

4.4.4　二阶滑模控制的微分几何制导律

上节对式(4.58)系统进行了控制器的设计。下面将针对拦截器攻击目标的情形，利用二阶滑模变结构控制的设计方法，将目标机动作为扰动项，即控制系统的不确定项，设计基于二阶滑模变结构控制的微分几何制导律。

根据4.2节对弹目相对运动学的微分几何描述，结合4.4.3节对控制器的设计表达式式(4.72)，将弹目相对运动模型表达式式(4.8)与控制模型表达式式(4.58)对比。为确保系统进入滑动模态后具有满意的动态特性，考虑将弹目连线的切向量和切向量的导数作为状态变量，即假设 $\boldsymbol{x}=[\boldsymbol{e}_r,\dot{\boldsymbol{e}}_r]$，滑模面可以表示为

$$S=c_1x_1+c_2x_2=c_1\boldsymbol{e}_r+c_2\dot{\boldsymbol{e}}_r \tag{4.73}$$

根据式(4.8)、式(4.58)和式(4.60)可知，

$$Cg_1(x,t)=[c_1 \quad c_2][0 \quad -1/r]^{\mathrm{T}}=-\frac{c_2}{r}\boldsymbol{n}_m \tag{4.74}$$

$$Cf(x,t)=[c_1,c_2]\begin{bmatrix}0 & 1\\ -\dfrac{r''}{r} & -\dfrac{2r'}{r}\end{bmatrix}\begin{bmatrix}x_1\\ x_2\end{bmatrix}=[c_1,c_2]\begin{bmatrix}x_2\\ -\dfrac{r''}{r}x_1-\dfrac{2r'}{r}x_2\end{bmatrix}=$$
$$c_1x_2-\frac{c_2r''}{r}x_1-\frac{2c_2r'}{r}x_2 \tag{4.75}$$

$$Cg_2(x,t)=[c_1 \quad c_2]\begin{bmatrix}0\\ m^2/r\end{bmatrix}k_t\boldsymbol{n}_t=\frac{m^2c_2k_t}{r}\boldsymbol{n}_t \tag{4.76}$$

根据4.4.2节中控制器的表达形式，将式(4.74)～式(4.76)代入式(4.72)，拦截器的曲率控制量可以表示为

$$k_m\boldsymbol{n}_m=\frac{\alpha_1 r}{c_2}\left|c_1x_1+c_2x_2\right|^{p/(p+1)}\mathrm{sgn}(c_1x_1+c_2x_2)-\frac{r}{c_2}y_2+\frac{c_1r}{c_2x_2}-r''x_1-2r'x_2+m^2k_t\boldsymbol{n}_t=$$
$$\frac{\alpha_1}{c_2}\left|c_1\boldsymbol{e}_r+c_2\boldsymbol{e}'_r\right|^{p/(p+1)}\mathrm{sgn}(c_1\boldsymbol{e}_r+c_2\boldsymbol{e}'_r)-\frac{r}{c_2}y_2+\frac{c_1r}{c_2\boldsymbol{e}'_r}-r''\boldsymbol{e}_r-2r'\boldsymbol{e}'_r+m^2k_t\boldsymbol{n}_t=$$
$$\frac{\alpha_1}{c_2}\left|c_1\boldsymbol{e}_r+c_2\boldsymbol{e}'_r\right|^{p/(p+1)}\mathrm{sgn}(c_1\boldsymbol{e}_r+c_2\boldsymbol{e}'_r)-\frac{r}{c_2}\int\alpha_2(c_1\boldsymbol{e}_r+c_2\boldsymbol{e}'_r)\mathrm{d}t+$$
$$\frac{c_1r\boldsymbol{e}'_r}{c_2}-r''\boldsymbol{e}_r-2r'\boldsymbol{e}'_r+m^2k_t\boldsymbol{n}_t \tag{4.77}$$

考虑到拦截末段，因弹目距离的不断减小，弹目视线角速率变化较为剧烈，极易引起末端过载发散，这将大大增加对执行机构的能力要求。为解决末段视线角度率发散导致的过载激增问题，以零化视线角速率为主要设计思想进行制导律的设计，即零化 $\boldsymbol{e}'_r$ 值，在此取 $c_1=0$，$c_2=1$，$p=2$。则式(4.77)可以化简为

$$k_m\boldsymbol{n}_m=\frac{r\alpha_1}{c_2}\left|c_1^2+c_2^2\theta'^2\right|^{2/3}\mathrm{sgn}(c_1\boldsymbol{e}_r+c_2\boldsymbol{e}'_r)+\frac{r}{c_2}\int\alpha_2(c_1\boldsymbol{e}_r+c_2\boldsymbol{e}'_r)\mathrm{d}s+$$
$$\frac{c_1r\boldsymbol{e}'_r}{c_2}-r''\boldsymbol{e}_r-2r'\boldsymbol{e}'_r+m^2k_t\boldsymbol{n}_t=$$

$$r\alpha_1 |\theta'|^{1/3}\mathrm{sgn}(\theta')(\boldsymbol{e}_\omega\times\boldsymbol{e}_r)+r\alpha_2\int\theta'\mathrm{d}s(\boldsymbol{e}_\omega\times\boldsymbol{e}_r)-r''\boldsymbol{e}_r-2r'\theta'(\boldsymbol{e}_\omega\times\boldsymbol{e}_r)+m^2k_t\boldsymbol{n}_t \tag{4.78}$$

式(4.78)两边同时乘以$(\boldsymbol{e}_\omega\times\boldsymbol{e}_r)$可得

$$\begin{aligned}k_m\boldsymbol{n}_m\cdot(\boldsymbol{e}_\omega\times\boldsymbol{e}_r)=&[r\alpha_1 |\theta'|^{1/3}\mathrm{sgn}(\theta')(\boldsymbol{e}_\omega\times\boldsymbol{e}_r)+r\alpha_2\int\theta'\mathrm{d}s(\boldsymbol{e}_\omega\times\boldsymbol{e}_r)-\\&r''\boldsymbol{e}_r-2r'\theta'(\boldsymbol{e}_\omega\times\boldsymbol{e}_r)+m^2k_t\boldsymbol{n}_t]\cdot(\boldsymbol{e}_\omega\times\boldsymbol{e}_r)=\\&r\alpha_1 |\theta'|^{1/3}\mathrm{sgn}(\theta')+r\alpha_2\int\theta'\mathrm{d}s-r''\boldsymbol{e}_r\cdot(\boldsymbol{e}_\omega\times\boldsymbol{e}_r)-\\&2r'\theta'+m^2k_t\boldsymbol{n}_t\cdot(\boldsymbol{e}_\omega\times\boldsymbol{e}_r)=\\&r\alpha_1 |\theta'|^{1/3}\mathrm{sgn}(\theta')+r\alpha_2\int\theta'\mathrm{d}s-2r'\theta'+m^2k_t\boldsymbol{n}_t\cdot(\boldsymbol{e}_\omega\times\boldsymbol{e}_r)\end{aligned} \tag{4.79}$$

将式(4.79)变形可知拦截器的制导曲率可以表示为

$$\begin{aligned}k_m=&\frac{r\alpha_1 |\theta'|^{1/3}\mathrm{sgn}(\theta')+r\alpha_2\int\theta'\mathrm{d}s-2r'\theta'+m^2k_t\boldsymbol{n}_t\cdot(\boldsymbol{e}_\omega\times\boldsymbol{e}_r)}{\boldsymbol{n}_m\cdot(\boldsymbol{e}_\omega\times\boldsymbol{e}_r)}=\\&\frac{m^2k_t\boldsymbol{n}_t\cdot(\boldsymbol{e}_\omega\times\boldsymbol{e}_r)}{\boldsymbol{n}_m\cdot(\boldsymbol{e}_\omega\times\boldsymbol{e}_r)}-\frac{2r'\theta'-r\alpha_2\int\theta'\mathrm{d}s-r\alpha_1 |\theta'|^{1/3}\mathrm{sgn}(\theta')}{\boldsymbol{n}_m\cdot(\boldsymbol{e}_\omega\times\boldsymbol{e}_r)}\end{aligned} \tag{4.80}$$

在切平面求得的制导律的曲率指令表达式中，由于$\boldsymbol{n}_m$和$\boldsymbol{e}_\omega\times\boldsymbol{e}_r$均为单位矢量，在拦截器攻击目标的过程中，必须保证两者不相互垂直，否则曲率计算的分母将出现零值，导致计算发生奇异。要使拦截过程中不出现奇异现象，必须满足式(4.80)的分母项不为零，同4.3.3节的分析，即$\boldsymbol{n}_m\cdot(\boldsymbol{e}_\omega\times\boldsymbol{e}_r)=\boldsymbol{n}_m\cdot\boldsymbol{e}_\theta\neq0$。若$\boldsymbol{n}_m\cdot(\boldsymbol{e}_\omega\times\boldsymbol{e}_r)$保持为一个常值，即在拦截的过程中满足

$$\boldsymbol{n}_{m0}\cdot(\boldsymbol{e}_{\omega0}\times\boldsymbol{e}_{r0})=\boldsymbol{n}_m\cdot(\boldsymbol{e}_\omega\times\boldsymbol{e}_r)=a\neq0 \tag{4.81}$$

对式(4.81)两边求微分可得导弹的挠率指令为

$$\tau_m=k_m\frac{\boldsymbol{t}_m\cdot\boldsymbol{e}_\omega\times\boldsymbol{e}_r}{\boldsymbol{b}_m\cdot\boldsymbol{e}_\omega\times\boldsymbol{e}_r}-\frac{\boldsymbol{n}_m\cdot\boldsymbol{e}'_\omega\times\boldsymbol{e}_r}{\boldsymbol{b}_m\cdot\boldsymbol{e}_\omega\times\boldsymbol{e}_r}+\theta'\frac{\boldsymbol{n}_m\cdot\boldsymbol{e}_r}{\boldsymbol{b}_m\cdot\boldsymbol{e}_\omega\times\boldsymbol{e}_r} \tag{4.82}$$

制导曲率指令作用在拦截器运动轨迹法向$\boldsymbol{n}_m$方向，制导挠率指令沿着拦截器的副法线方向$\boldsymbol{b}_m$。在制导曲率指令中，第二项中含有弹目视线角速率的比例项、积分项和分数阶项，可以认为α_1是控制的比例项，α_2是控制的积分项，分别可以消除系统的误差和余差，主要是对目标机动引起的视线转速偏差起到补偿作用，抑制视线的旋转，而分数阶微分项的引入提供了对机动目标的导引能力。若将制导曲率中含有α_1和α_2的两项去除，那么式(4.80)的表达式与2.4.2节中的制导曲率指令相同，因此，本章设计的DGG制导律可以看做是2.4.2节设计制导律的改进形式。相对于传统微分几何制导律和非线性微分几何制导律，二阶滑模微分几何制导律形式较为复杂，曲率指令中含有的信息量较多，这对导弹的探测系统提出了较高的要求。

由式(4.82)可知，在拦截的过程中，基于二阶滑模变结构设计的挠率指令与非线性制导律得到的挠率指令一致。根据4.3.4节对非线性微分几何制导律捕获条件的分析可知，两者捕获条件一致。

根据以上分析可知，基于二阶滑模变结构控制理论的微分几何制导律制导曲率指令和挠率指令表达式如式(4.80)和式(4.82)，制导指令由弧长域向时域中转化的关系式参考本书2.5.5节。下面将按照设计的制导指令进行仿真验证。

4.4.5　仿真结果与分析

为了分析设计的制导律在实际拦截场景中的变化规律，以及它对拦截性能的影响，按照目标的两种不同机动方式，对设计的制导律进行制导性能分析。基于二阶滑模控制的微分几何制导律（简称 SVG）和 VDG 的制导性能参数见表 4.1，其中脱靶量和拦截时间均来自蒙特卡洛仿真。在弹目拦截的过程中，选取视线转率作为基准，同时选取导引头的测量误差为 0.01 °/s。需要的目标运动信息通过滤波得到，具体算法见第 5 章。

仿真 1：导弹初始坐标位置为（0，0，0） m，弹目相对距离为 15.54 km，视线方位角为 0°，视线高低角为 30°。导弹速度初始单位切向量 $\boldsymbol{t}_{m0}=(0.5,0.866,0)$，单位法向量 $\boldsymbol{n}_{m0}=(-0.866,0.5,0)$，单位副法向量 $\boldsymbol{b}_{m0}=(0,0,1)$，目标初始单位切向量 $\boldsymbol{t}_{t0}=(-0.1736,0.9848,0)$，单位法向量 $\boldsymbol{n}_{t0}=(0.9848,0.1736,0)$，单位副法向量 $\boldsymbol{b}_{t0}=(0,0,-1)$。导弹曲率和挠率分别为 $k_m=0$，$\tau_m=0$。目标在空间做圆弧形机动，机动曲率大小为 $k_t=0.000\,22$。根据仿真初始条件可知，$r_0\theta'_0=0.5156<1-m$，仿真结果见表 4.1，仿真曲线如图 4.3 所示。

表 4.1　制导律拦截性能比较

	制导律	脱靶量/m	拦截时间/s
仿真 1	VDG	2.102	15.433
	SVG	1.983	15.361
仿真 2	VDG	2.622	14.712
	SVG	2.139	14.515

仿真 2：导弹和目标的初始状态条件不变，但目标在空间做蛇形机动，其机动的曲率和挠率分别为 $k_t=0.000\,2\mathrm{sign}(\sin(\pi t/8))$ 和 $\tau_t=0.000\,2\mathrm{sign}(\sin(\pi t/8))$，仿真结果见表 4.1，仿真曲线如图 4.4 所示。

由 SVG 和 VDG 制导性能参数比较可知，在相同的初始拦截条件下，SVG 能够更有效地对目标实施拦截，拦截时间较短，并且制导精度有一定程度的提高。

根据仿真图图 4.3(a)和图 4.4(a)可以看出，采用 VDG 和 SVG 制导时的弹道较为接近。由导弹的过载变化曲线图图 4.3 和图 4.4 的(b)和(c)可知，两种制导律能够使导弹有充足的时间将自己的轨迹调整到合适的位置等待碰撞，从而使弹道曲率在命中点附近趋于零值。两种制导律都能够使末段视线角速率变化值较小，在拦截的初始阶段，SVG 的过载大于 VDG 的过载，即 SVG 能够以较大的过载快速补偿目标的机动，从而使得后期的过载变化较小。两次仿真的视线角速率变化图图 4.3 和图 4.4 的(d)和(e)表明，SVG 和 VDG 在拦截的初始阶段，都能够积极补偿由目标机动引起的视线转率变化，因此，两者的视线角速率较小，幅值都在零值附近，但相对于 VDG 制导，SVG 能够更有效地抑制视线的旋转。

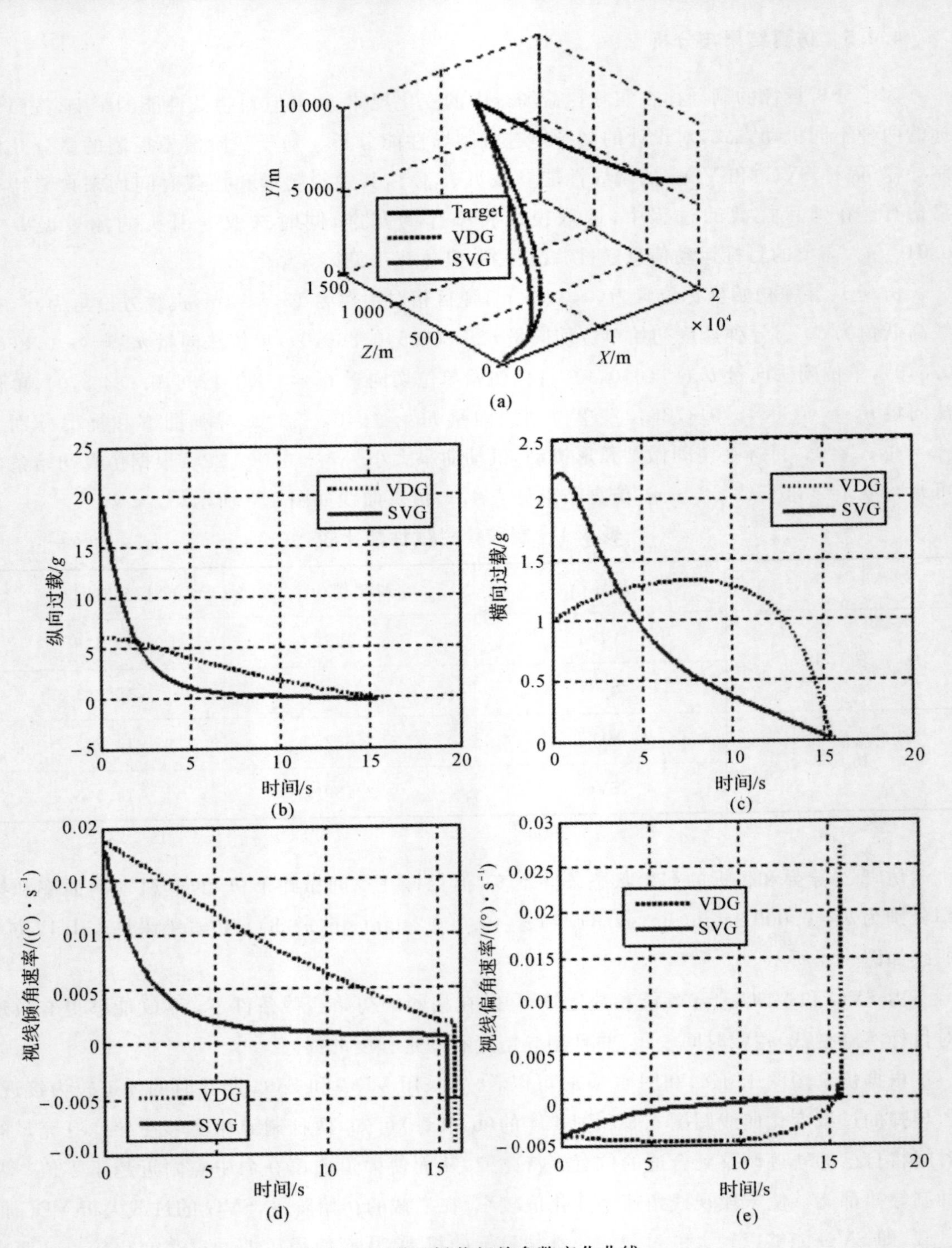

图 4.3 弹目拦截相关参数变化曲线

(a)三维弹道曲线； (b)纵向过载变化曲线； (c)横向过载变化曲线；

(d)视线倾角速率变化曲线； (e)视线偏角速率变化曲线

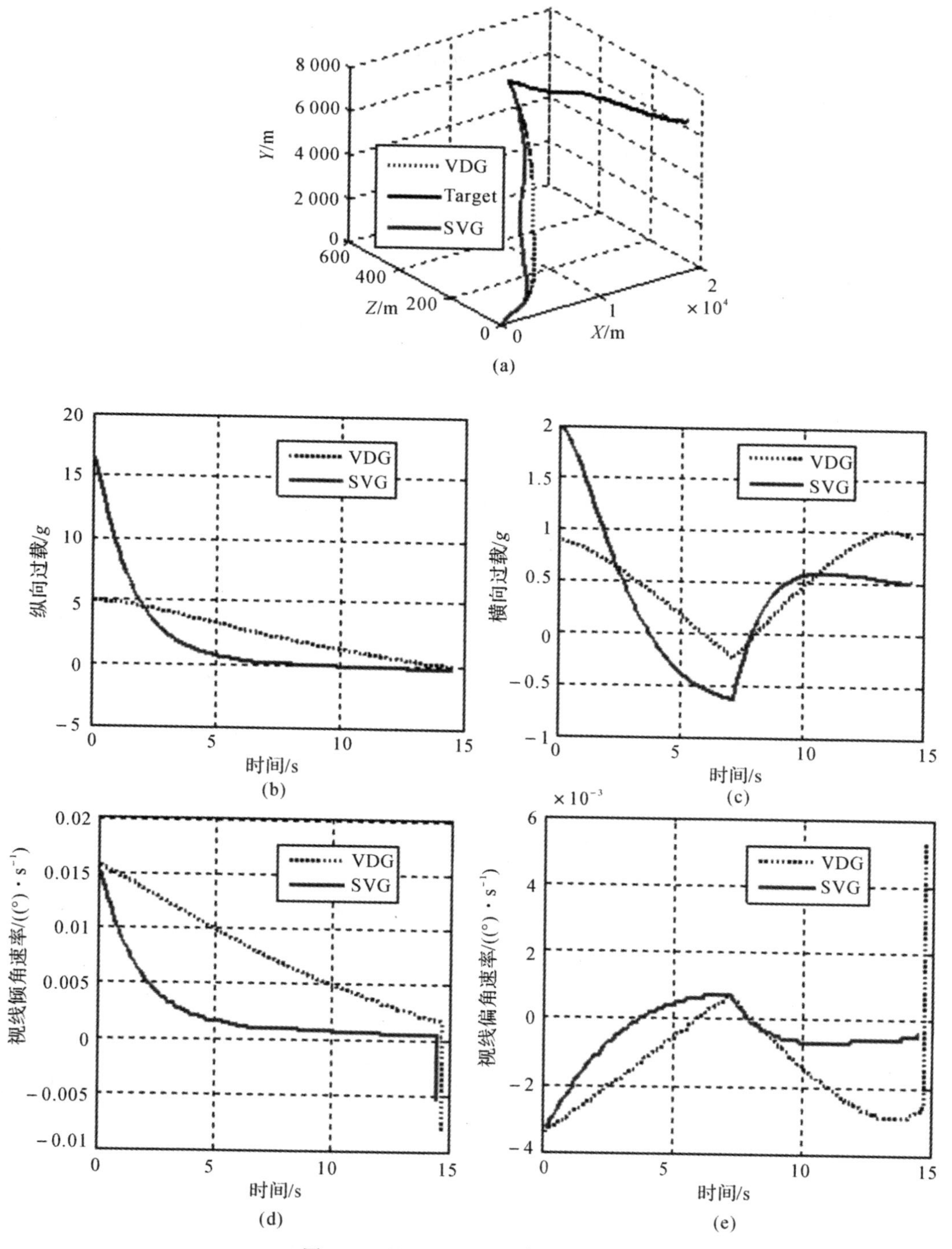

图4.4　弹目拦截相关参数变化曲线

(a)三维弹道曲线；(b)法向过载变化曲线；(c)横向过载变化曲线；
(d)视线倾角速率变化曲线；(e)视线偏角速率变化曲线

4.5 制导律分析与比较

为了更好地了解本书设计制导律的特性，对本书设计的 DGG、VDG 和 SVG 与传统的 PN 制导律在四种典型情况下做对比，分析了测量噪声、目标机动过载等因素对制导律拦截性能的影响。

条件 1：导弹初始坐标位置为(0,0,0) m，弹目相对距离为 5 km，弹目视线倾角和偏角(单位：度)见表 4.2～表 4.5 第一行，共分五种情形。导弹速度为 1000 m/s，初始速度方向始终指向目标，导弹的最大可用过载为 25 g，其自动驾驶仪为二阶环节，阻尼比取 0.8，时间常数为 0.08 s。目标速度为 500 m/s，初始单位切向量 $\boldsymbol{t}_{t0}=(-1,0,0)$，单位法向量 $\boldsymbol{n}_{t0}=(0,1,0)$，单位副法向量 $\boldsymbol{b}_{t0}=(0,0,-1)$。导弹初始曲率和挠率分别为 $k_m=0$，$\tau_m=0$。目标在空间做圆弧形机动，机动曲率大小为 $k_t=0.000\ 08$。比例导引系数取 3。选取视线转率为干扰项，测量噪声误差为 0.02 °/s。采用蒙塔卡洛仿真，其中 MD 表示平均脱靶量(单位：m)，ML 表示平均最大拦截过载(单位：g)。

表 4.2 制导律拦截性能比较表

	(30,10)		(60,10)		(90,0)		(60,170)		(30,170)	
	MD	ML	MD	ML	MD	ML	MD	ML	MD	ML
PN	6.741	22.022	7.030	25.0	8.603	25.0	12.041	19.779	16.313	10.361
DGG	5.082	20.254	5.943	23.963	6.230	22.356	6.901	17.871	7.037	5.333
VDG	3.136	12.035	3.256	16.549	3.564	14.846	4.623	12.887	4.991	4.355
SVG	3.021	7.568	3.243	13.687	2.982	10.663	4.355	10.356	4.659	4.003

条件 2：导弹和目标在空间的初始位置和速度同条件 1，视线测量噪声大小不变，目标在空间做圆弧形机动，机动曲率大小为 $k_t=0.000\ 2$。

表 4.3 制导律拦截性能比较表

	(30,10)		(60,10)		(90,0)		(60,170)		(30,170)	
	MD	ML	MD	ML	MD	ML	MD	ML	MD	ML
PN	7.4802	22.050	8.286	25.0	9.434	25.0	17.568	19.781	18.683	12.104
DGG	5.388	21.289	6.544	22.021	6.876	21.365	8.667	17.965	9.362	6.237
VDG	3.332	13.595	3.384	16.663	3.784	13.024	4.215	10.975	4.563	4.638
SVG	3.213	9.658	3.288	14.257	3.361	9.355	3.878	8.872	4.211	4.331

条件 3：导弹和目标在空间的初始位置和速度同条件 1，视线测量噪声大小为 0.05°/s，目标在空间做圆弧形机动，机动曲率大小为 $k_t=0.00\ 008$。

表 4.4　制导律拦截性能比较表

	(30,10)		(60,10)		(90,0)		(60,170)		(30,170)	
	MD	ML	MD	ML	MD	ML	MD	ML	MD	ML
PN	22.083	23.211	25.073	25.0	31.191	25.0	32.805	20.507	32.862	11.923
DGG	13.252	20.556	14.659	22.356	15.261	23.681	15.556	17.237	16.627	7.882
VDG	6.528	11.561	6.325	15.358	6.287	15.560	6.488	13.562	6.886	6.083
SVG	5.923	11.977	6.221	13.574	6.202	11.338	6.470	10.895	6.427	5.224

条件 4:导弹和目标在空间的初始位置和速度同条件 1,视线测量噪声大小为 0.05°/s,目标在空间做圆弧形机动,机动曲率大小为 $k_t=0.000\ 2$。

表 4.5　制导律拦截性能比较表

	(30,10)		(60,10)		(90,0)		(60,170)		(30,170)	
	MD	ML	MD	ML	MD	ML	MD	ML	MD	ML
PN	24.448	23.389	28.228	25.0	33.988	25.0	34.585	20.474	35.012	13.433
DGG	14.335	21.109	14.899	23.581	15.031	23.780	16.675	18.331	16.852	9.445
VDG	6.759	13.755	6.682	17.229	6.356	16.254	6.821	15.660	6.875	7.381
SVG	6.210	12.346	6.442	15.361	6.227	14.309	6.755	13.573	6.779	6.506

根据表 4.2～表 4.5 中的仿真数据可明显看出,在测量噪声幅值较小且目标机动加速度较小时,所有制导律均可保证拦截目标。当视线角速率噪声由 0.02°/s 增大到 0.05°/s 时,PN 和 DGG 制导律的脱靶量受到较大影响,PN 的统计脱靶量数值增大了 2～3 倍,DGG 脱靶量也增大了 2 倍左右,这主要是因为 PN 和 DGG 中的指令过载项中含有与视线角速率成比例的项,因此两者表现出一些相似的性质。相对于 PN,DGG 能有效克服目标机动导致的制导性能下降。当弹目视线高低角分别为 60°和 90°时,PN 出现了过载饱和现象,DGG 拦截过载也出现较大变化,但相对于 PN,DGG 制导精度明显提高。因此,DGG 对目标机动表现出了较强的鲁棒性,但受视线角速率噪声的影响较大。

由表 4.2～表 4.5 可以看出,相对于传统 PN 制导,基于滑模控制理论设计的 VDG 和 SVG 制导律表现出较好的制导性能,VDG 和 SVG 的平均最大需用过载远小于 PN 的平均最大需用过载,这也说明了本书设计的两种制导算法从一定程度上克服了 PN 在命中点附近需要过载大的缺陷。对于目标做大机动的情形,传统的 PN 产生了较大的脱靶量,并且过载出现了饱和现象,而 VDG 和 SVG 都可以保证较小的脱靶量。这充分说明新设计的制导律满足拦截大机动目标的要求,当视线角速率噪声变强时,VDG 和 SVG 能够有效降低视线角速率噪声对脱靶量和拦截过载的影响,这主要是因为 VDG 和 SVG 抵消了噪声干扰对制导曲率项的影响。由于 SVG 中含有视线角速率的积分项,该项相当于追踪法信号,从而对大的初始偏差具有较好的修正能力,有助于对噪声的抑制。因此,相对于 PN,新设计的微分几何制导律对目标机动和外界噪声干扰具有较强的鲁棒性。

4.6 本章小结

本章基于滑模控制理论设计了两种微分几何制导律。首先,针对弹目相对运动学模型中存在的非线性和不确定性,基于 Lyapunov 稳定定理设计了一种有限时间收敛的 VDG 制导律。其次,设计了一种基于二阶滑模控制理论的微分几何制导律,给出了导弹的制导曲率指令和挠率指令,并对其捕获条件进行分析。最后,仿真表明,设计的新型制导律能较好地抑制视线旋转,对目标机动和外界干扰具有较强的鲁棒性。此外,本章还通过仿真数据对比了各种制导律的抗干扰性能。

第5章 微分几何制导律制导参数估计方法

本章对微分几何制导律制导参数的估计方法进行了研究。首先建立速度-转向-爬升坐标系，基于此坐标系，对目标的加速度在三个坐标轴上的分量分别进行估计，由此将三维问题转化为一维问题来处理；其次，提出一种九状态重力转弯(Gravity Turning，简称GT)模型，利用预解矩阵法对九状态GT模型进行离散化，同时建立了雷达导引头的状态观测方程；最后，结合UKF滤波算法对制导参数进行估计，同时给出了估计量与制导参数转换的计算方法，并通过仿真验证九状态动态模型的正确性和估计方法的有效性。

5.1 引　言

根据本书第2～5章的分析可知，基于微分几何理论的制导律含有目标机动信息，能否有效地估计目标的运动状态信息，是导弹精确命中目标的重要因素。机动目标的精确跟踪在过去和现在一直都是一个难题，最根本的原因在于跟踪滤波采用的目标动力学模型和机动目标实际动力学模型不匹配，导致跟踪滤波器发散，跟踪性能严重下降。在实际的拦截过程中，系统的数学模型都存在不同程度的不确定性，系统状态测量值中也不可避免地存在观测噪声，因此在导弹制导控制器设计中必须考虑随机因素带来的影响。

目标精确跟踪的关键，是从观测数据中提取关于目标状态的有用信息，并应用于估计量的更新，一个好的目标模型可以在很大程度上使这种信息提取过程更易于实现[220-223]。X. R. Li等人在文献[224－225]中对已经得到广泛应用的通用动态模型进行了综述。在通用的动态模型中，按照对机动加速度随机性的刻画方式，主要分为白噪声加速度模型、Weiner过程加速度模型、Singer模型和Current模型。而对高阶目标状态、加速度的导数(Jerk)进行建模，可以改进目标低阶状态的估计精度，但也要求更高阶的观测信息支持，比如目标速度。通用动态模型的局限性在于，只能从外部描述目标的运动学状态，而不能对这些状态进行意义的界定。在研究大气层内有动力目标的跟踪问题时，Jilkov等人提出了一系列用于弹道目标助推段跟踪的动态模型[225]。在目标燃料消耗率恒定的假设下，8状态重力转弯模型和10状态重力转弯模型将目标质量的变化频率作为一维状态变量。在扩展的10状态重力转弯模型中，将气动参数纳入状态向量，得到了较好的跟踪效果。然而，大气层内飞机类目标与助推段弹道目标有着不同的特点，所以使用上述模型跟踪飞机类目标并不合理。王小虎基于目标螺旋机动和蛇形机动的切向加速度和法向加速度在目标轨迹活动框架上缓变的特点，提出了一种建立在机动目标轨迹活动标架上的动态模型[226]，该模型克服了在直角坐标系和球坐标系上估计目标快变加速度机动延迟大的缺陷，并且验证了该方法具有较好的跟踪性和收敛性，但该状态模型中含有三角函数项较多，导致状态模型的离散化较为复杂，在实际工程应用中受限。

针对以上模型存在的缺陷和不足，本章将通过建立速度-转向-爬升坐标系对目标的加速度进行估计，通过建立九状态GT模型推导雷达导引头的状态观测方程，以及结合UKF滤波算法对制导律中的制导参数进行估计等方法加以解决。

5.2 目标运动模型

5.2.1 机动目标运动描述

在此主要应用两个坐标系：其一为大地惯性坐标系 $AX_gY_gZ_g$；另一个为速度-转向-爬升(Velocity-Turn-Climb，简称 VTC) 坐标系，为描述方便，在此记为 $OX_{\mathrm{VTC}}Y_{\mathrm{VTC}}Z_{\mathrm{VTC}}$。

定义 5.1：VTC 坐标系原点 O 取在目标重心处，OX_{VTC} 轴与目标速度向量重合，OZ_{VTC} 应选在铅垂平面内与 OX_{VTC} 轴垂直，向上为正；OY_{VTC} 轴垂直于 $OX_{\mathrm{VTC}}Z_{\mathrm{VTC}}$ 平面，方向由右手坐标系确定。

当 AX_g 轴平行于 OX_{VTC} 时，AY_g 和 AZ_g 轴分别平行于 OY_{VTC} 和 OZ_{VTC} 轴。当目标速度向量相对于 $AX_gY_gZ_g$ 坐标系有方位角及俯仰角时，认为坐标系 $OX_{\mathrm{VTC}}Y_{\mathrm{VTC}}Z_{\mathrm{VTC}}$ 相对坐标系 $AX_gY_gZ_g$ 旋转了角度 φ_t 和 θ_t。图 5.1 中，r 为导弹与目标之间的距离，θ_L 为目标的俯仰角，φ_L 为目标的方位角，θ_t 和 φ_t 分别表示目标航迹倾角和航迹偏角。

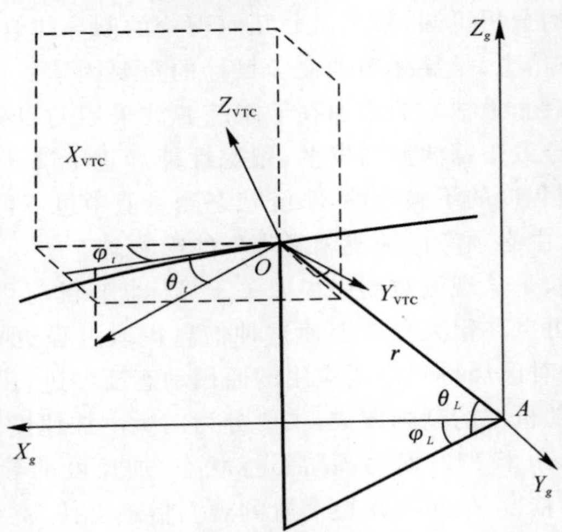

图 5.1 $AX_gY_gZ_g$ 和 $OX_{\mathrm{VTC}}Y_{\mathrm{VTC}}Z_{\mathrm{VTC}}$ 坐标系关系

根据坐标转化关系可知，坐标系 $OX_{\mathrm{VTC}}Y_{\mathrm{VTC}}Z_{\mathrm{VTC}}$ 到坐标系 $AX_gY_gZ_g$ 的旋转变换矩阵$\boldsymbol{C}_{gt}$，即

$$\boldsymbol{C}_{gt}=\begin{bmatrix}\cos\varphi_t\cos\theta_t & -\sin\varphi_t & \sin\theta_t\cos\varphi_t\\ \cos\theta_t\sin\varphi_t & \cos\varphi_t & \sin\theta_t\sin\varphi_t\\ -\sin\theta_t & 0 & \cos\theta_t\end{bmatrix}\tag{5.1}$$

在每一瞬时，坐标系 $OX_{\mathrm{VTC}}Y_{\mathrm{VTC}}Z_{\mathrm{VTC}}$ 中的任意向量(如速度和加速度向量) 可以通过旋转矩阵 $\boldsymbol{C}_{gt}$ 变换，在坐标系 $AX_gY_gZ_g$ 中表示出来，因而有

$$\dot{\boldsymbol{x}}_g=\boldsymbol{C}_{gt}\dot{\boldsymbol{x}}_{\mathrm{VTC}}=\begin{bmatrix}v_t\cos\varphi_t\cos\theta_t\\ v_t\cos\theta_t\sin\varphi_t\\ -v_t\sin\theta_t\end{bmatrix}\tag{5.2}$$

其中，$\dot{\boldsymbol{x}}_g=[\dot{x}_g \quad \dot{y}_g \quad \dot{z}_g]^{\mathrm{T}}$；$\dot{\boldsymbol{x}}_{\mathrm{VTC}}=[\dot{x}_{\mathrm{VTC}} \quad \dot{y}_{\mathrm{VTC}} \quad \dot{z}_{\mathrm{VTC}}]^{\mathrm{T}}=[v_t \quad 0 \quad 0]^{\mathrm{T}}$。

目标在 $AX_gY_gZ_g$ 坐标系三个轴上的加速度可表示为 $\ddot{\boldsymbol{x}}_g=C_{gt}\ddot{\boldsymbol{x}}_{\mathrm{VTC}}$，其中，$\ddot{\boldsymbol{x}}_g=[\ddot{x}_g \quad \ddot{y}_g \quad \ddot{z}_g]^{\mathrm{T}}$，$\ddot{\boldsymbol{x}}_{\mathrm{VTC}}=[\ddot{x}_{\mathrm{VTC}} \quad \ddot{y}_{\mathrm{VTC}} \quad \ddot{z}_{\mathrm{VTC}}]^{\mathrm{T}}=[\alpha_V \quad \alpha_T \quad \alpha_C]^{\mathrm{T}}$。

根据式(5.1)可知，旋转矩阵 $\boldsymbol{C}_{gt}$ 使用速度向量可表示为

$$\boldsymbol{C}_{gt}=\begin{bmatrix} C_{11} & C_{12} & C_{13} \\ C_{21} & C_{22} & C_{23} \\ C_{31} & C_{32} & C_{33} \end{bmatrix}=\begin{bmatrix} \dot{x}_g/v & -\dot{y}_g/v_g & -\dot{x}_g\dot{z}_g/(vv_g) \\ \dot{y}_g/v & \dot{x}_g/v_g & -\dot{y}_g\dot{z}_g/(vv_g) \\ \dot{z}_g/v & 0 & v_g/v \end{bmatrix} \tag{5.3}$$

其中，$v=\|v\|=\sqrt{\dot{x}^2+\dot{y}^2+\dot{z}^2}$，$v_g=\sqrt{\dot{x}^2+\dot{y}^2}$。利用式(5.3)可以直接将 VTC 坐标系中的速度和加速度转换到 $AX_gY_gZ_g$ 坐标系中。

5.2.2　目标机动加速度统计模型

当切向加速度为正时，切向加速度 α_V 的概率密度为

$$p_r(\alpha_V)=\begin{cases} \dfrac{(\alpha_{t\max}-\alpha_V)}{\mu_t^2}\exp\left\{-\dfrac{(\alpha_{t\max}-\alpha_V)^2}{2\mu_t^2}\right\} & 0<\alpha_V<\alpha_{t\max} \\ 0 & \alpha_V\geqslant\alpha_{t\max} \end{cases} \tag{5.4a}$$

其中，$\alpha_{t\max}$ 为切向加速度 α_V 的正极限值。

当切向加速度为负时，切向加速度 α_V 的概率密度为

$$p_r(\alpha_V)=\begin{cases} \dfrac{(\alpha_V-\alpha_{t\max})}{\mu_t^2}\exp\left\{-\dfrac{(\alpha_V-\alpha_{t\max})^2}{2\mu_t^2}\right\} & \alpha_V>-\alpha_{t\max} \\ 0 & \alpha_V\leqslant-\alpha_{t\max} \end{cases} \tag{5.4b}$$

其中，$-\alpha_{t\max}$ 为切向加速度 α_V 的负极限值。

当切向加速度为零时，α_V 的概率密度为

$$p_r(\alpha_V)=\delta(\alpha_V) \tag{5.4c}$$

其中，$\delta(\cdot)$ 为狄拉克 δ 函数。随机切向加速度 α_V 相对于上述不同概率密度的均值分别为

$$E[\alpha_V]=\bar{\alpha}_V=\alpha_{t\max}-\sqrt{\pi/2}\,\mu_t \tag{5.5}$$

$$E[\alpha_V]=\bar{\alpha}_V=\alpha_{-t\max}+\sqrt{\pi/2}\,\mu_t \tag{5.6}$$

$$E[\alpha_V]=\bar{\alpha}_V=0 \tag{5.7}$$

α_V 的方差为

$$\sigma_{\alpha_V}^2=\frac{4-\pi}{2}\mu_t^2 \tag{5.8}$$

加速度 α_T 和 α_C 的幅值概率密度、均值和方差分析方法与切向加速度 α_V 的分析方法一样，不同之处是它们具有正定性。在上面的分析中，$\mu_t>0$ 为常数[224]，并假设 α_V、α_T 和 α_C 为相互独立的统计变量。

5.2.3　非零均值时间相关模型

假设 VTC 坐标内的目标加速度为非零均值的时间相关过程，即

$$\ddot{x}_t(t)=\bar{\alpha}_V+\alpha_V(t) \tag{5.9}$$

$$\ddot{y}_t(t)=\bar{\alpha}_T+\alpha_T(t) \tag{5.10}$$

$$\ddot{z}_t(t)=\bar{\alpha}_C+\alpha_C(t) \tag{5.11}$$

而机动加速度的时间相关模型 α_V,α_T 和 α_C 的自相关函数分别为

$$r_V(\tau)=\frac{4-\pi}{2}\mu_t^2\mathrm{e}^{-\upsilon_V|\tau|} \tag{5.12}$$

$$r_T(\tau)=\frac{4-\pi}{2}\mu_t^2\mathrm{e}^{-\upsilon_T|\tau|} \tag{5.13}$$

$$r_C(\tau)=\frac{4-\pi}{2}\mu_t^2\mathrm{e}^{-\upsilon_C|\tau|} \tag{5.14}$$

其中，r_V,r_T 和 r_C 分别为 VTC 方向上的机动频率。应用 Wiener - Kolmogorov 白化方法，可得状态空间模型如：

$$\dot{\alpha}_V(t)=-\upsilon_V\alpha_V(t)+\upsilon_V\bar{\alpha}_V+\omega_V(t) \tag{5.15}$$

$$\dot{\alpha}_T(t)=-\upsilon_T\alpha_T(t)+\upsilon_T\bar{\alpha}_T+\omega_T(t) \tag{5.16}$$

$$\dot{\alpha}_C(t)=-\upsilon_C\alpha_C(t)+\upsilon_C\bar{\alpha}_C+\omega_C(t) \tag{5.17}$$

其中，输入噪声 $\omega_V(t),\omega_T(t)$ 和 $\omega_C(t)$ 的均值均为 0。

5.2.4 连续时间状态模型

根据假设，目标在 $AX_gY_gZ_g$ 坐标系中的总加速度可表示为

$$[\ddot{x}\quad \ddot{y}\quad \ddot{z}]^{\mathrm{T}}=\boldsymbol{g}+\boldsymbol{a}_n=\boldsymbol{g}+\boldsymbol{C}_{gt}\ [\alpha_V\quad \alpha_T\quad \alpha_C]^{\mathrm{T}} \tag{5.18}$$

其中，$\boldsymbol{a}_n$ 为目标在 $AX_gY_gZ_g$ 坐标系中的净加速度。目标的净过载是指作用在目标上的除重力加速度之外的过载。为了获取目标在 VTC 坐标系中的净过载，提出一种“九状态 GT 模型”。选择 $\alpha_V,\alpha_T,\alpha_C$ 以及目标在观测坐标系中的位置 x_g,y_g,z_g 和速度 $\dot{x}_g,\dot{y}_g,\dot{z}_g$ 作为状态变量，即

$$\boldsymbol{x}=[x_g\quad y_g\quad z_g\quad \dot{x}_g\quad \dot{y}_g\quad \dot{z}_g\quad \alpha_V\quad \alpha_T\quad \alpha_C] \tag{5.19}$$

连续时间状态转移方程为

$$\dot{x}(t)=\boldsymbol{\Phi}x(t)+\boldsymbol{B}\boldsymbol{u}(t)+\boldsymbol{\Gamma}\boldsymbol{\omega}(t) \tag{5.20}$$

其中，$\boldsymbol{u}(t)=[-g,\bar{\alpha}_V,\bar{\alpha}_T,\bar{\alpha}_C]$ 和 $\boldsymbol{\omega}(t)=[\omega_V(t)\quad \omega_T(t)\quad \omega_C(t)]$ 分别为状态方程中的输入强迫项和输入噪声向量。

或

$$\begin{bmatrix}\dot{\boldsymbol{r}}\\ \dot{\boldsymbol{v}}\\ \dot{\boldsymbol{\alpha}}\end{bmatrix}=\begin{bmatrix}\dot{x}_g\\ \dot{y}_g\\ \dot{z}_g\\ \ddot{x}_g\\ \ddot{y}_g\\ \ddot{z}_g\\ \alpha_V\\ \alpha_T\\ \alpha_C\end{bmatrix}=\begin{bmatrix}\boldsymbol{0}&\boldsymbol{I}&\boldsymbol{0}\\ \boldsymbol{0}&\boldsymbol{0}&\boldsymbol{C}\\ \boldsymbol{0}&\boldsymbol{0}&\boldsymbol{S}\end{bmatrix}\begin{bmatrix}\boldsymbol{r}\\ \boldsymbol{v}\\ \boldsymbol{\alpha}\end{bmatrix}+\begin{bmatrix}0&0&0&0\\0&0&0&0\\0&0&0&0\\0&0&0&0\\0&0&0&0\\1&0&0&0\\0&\upsilon_V&0&0\\0&0&\upsilon_T&0\\0&0&0&\upsilon_C\end{bmatrix}\begin{bmatrix}-g\\ \bar{\alpha}_V\\ \bar{\alpha}_T\\ \bar{\alpha}_C\end{bmatrix}+\begin{bmatrix}0&0&0\\0&0&0\\0&0&0\\0&0&0\\0&0&0\\0&0&0\\1&0&0\\0&1&0\\0&0&1\end{bmatrix}\begin{bmatrix}\omega_V(t)\\ \omega_T(t)\\ \omega_C(t)\end{bmatrix} \tag{5.21}$$

其中，$\boldsymbol{I}=\begin{bmatrix}1&0&0\\0&1&0\\0&0&1\end{bmatrix}$，$\boldsymbol{S}=\begin{bmatrix}-\upsilon_V&0&0\\0&-\upsilon_T&0\\0&0&-\upsilon_C\end{bmatrix}$，$\boldsymbol{C}=\boldsymbol{C}_{gt}$ 为 $OX_{\mathrm{VTC}}Y_{\mathrm{VTC}}Z_{\mathrm{VTC}}$ 到 $AX_gY_gZ_g$ 的坐标转换矩阵；$\boldsymbol{r}=[x_g,y_g,z_g]$；$\boldsymbol{v}=[\dot{x}_g,\dot{y}_g,\dot{z}_g]$；$\alpha=[\alpha_V,\alpha_T,\alpha_C]$。

5.2.5　状态模型的离散化

将以上模型进行离散化，即可得到用于估计解算的状态转移模型

$$\boldsymbol{x}_{k+1}=\boldsymbol{\Phi}(T)\boldsymbol{x}_k+\boldsymbol{B}(T)\boldsymbol{u}_k+\boldsymbol{\Gamma}(T)\boldsymbol{\omega}_k \tag{5.22}$$

把式(5.22)中的状态矩阵、输入矩阵和噪声输入矩阵分别进行离散化，其计算方法如下。

1. 状态矩阵的离散化

在此使用预解矩阵法对状态矩阵进行离散化。当采样周期为 T 时，目标的状态转移矩阵为

$$\boldsymbol{\Phi}(T)=\mathrm{e}^{\boldsymbol{\Phi}T}=\mathscr{L}^{-1}[(s\boldsymbol{I}-\boldsymbol{\Phi})^{-1}] \tag{5.23}$$

通过计算可得 $\boldsymbol{\Phi}(T)$ 为

$$\boldsymbol{\Phi}(T)=\mathrm{e}^{\boldsymbol{\Phi}T}=\begin{bmatrix} 1 & 0 & 0 & T & 0 & 0 & C_{11}\boldsymbol{\eta}_{11} & C_{12}\boldsymbol{\eta}_{21} & C_{13}\boldsymbol{\eta}_{31} \\ 0 & 1 & 0 & 0 & T & 0 & C_{21}\boldsymbol{\eta}_{11} & C_{22}\boldsymbol{\eta}_{21} & C_{23}\boldsymbol{\eta}_{31} \\ 0 & 0 & 1 & 0 & 0 & T & C_{31}\boldsymbol{\eta}_{11} & C_{32}\boldsymbol{\eta}_{21} & C_{33}\boldsymbol{\eta}_{31} \\ 0 & 0 & 0 & 1 & 0 & 0 & C_{11}\boldsymbol{\eta}_{12} & C_{12}\boldsymbol{\eta}_{22} & C_{13}\boldsymbol{\eta}_{32} \\ 0 & 0 & 0 & 0 & 1 & 0 & C_{21}\boldsymbol{\eta}_{12} & C_{22}\boldsymbol{\eta}_{22} & C_{23}\boldsymbol{\eta}_{32} \\ 0 & 0 & 0 & 0 & 0 & 1 & C_{31}\boldsymbol{\eta}_{12} & C_{32}\boldsymbol{\eta}_{22} & C_{33}\boldsymbol{\eta}_{32} \\ 0 & 0 & 0 & 0 & 0 & 0 & \boldsymbol{\eta}_{13} & 0 & 0 \\ 0 & 0 & 0 & 0 & 0 & 0 & 0 & \boldsymbol{\eta}_{23} & 0 \\ 0 & 0 & 0 & 0 & 0 & 0 & 0 & 0 & \boldsymbol{\eta}_{33} \end{bmatrix} \tag{5.24}$$

其中，

$$\boldsymbol{\eta}_{11}=\frac{1}{\boldsymbol{\upsilon}_V^2}(\mathrm{e}^{-\boldsymbol{\upsilon}_V T}+\boldsymbol{\upsilon}_V T-1),\quad \boldsymbol{\eta}_{21}=\frac{1}{\boldsymbol{\upsilon}_T^2}(\mathrm{e}^{-\boldsymbol{\upsilon}_T T}+\boldsymbol{\upsilon}_T T-1),$$

$$\boldsymbol{\eta}_{31}=\frac{1}{\boldsymbol{\upsilon}_C^2}(\mathrm{e}^{-\boldsymbol{\upsilon}_C T}+\boldsymbol{\upsilon}_C T-1),\quad \boldsymbol{\eta}_{12}=\frac{1}{\boldsymbol{\upsilon}_V}(1-\mathrm{e}^{-\boldsymbol{\upsilon}_V T}),\quad \boldsymbol{\eta}_{22}=\frac{1}{\boldsymbol{\upsilon}_T}(1-e^{-\boldsymbol{\upsilon}_T T}),$$

$$\boldsymbol{\eta}_{32}=\frac{1}{\boldsymbol{\upsilon}_C}(1-\mathrm{e}^{-\boldsymbol{\upsilon}_C T}),\quad \boldsymbol{\eta}_{13}=\mathrm{e}^{-\boldsymbol{\upsilon}_V T},\quad \boldsymbol{\eta}_{23}=\mathrm{e}^{-\boldsymbol{\upsilon}_T T},\quad \boldsymbol{\eta}_{33}=\mathrm{e}^{-\boldsymbol{\upsilon}_C T}$$

2. 输入矩阵的离散化

当采样周期为 T 时，对输入矩阵 $\boldsymbol{B}(t)$ 进行离散化可知

$$\boldsymbol{B}(T)=\int_{kT}^{(k+1)T}\boldsymbol{\Phi}[(k+1)T-\tau]\boldsymbol{B}\,\mathrm{d}\tau \tag{5.25}$$

将式(5.25)展开可得

$$\boldsymbol{B}(T)=\int_{kT}^{(k+1)T}\begin{bmatrix} 0 & \frac{C_{11}}{\upsilon_V}(\mathrm{e}^{-\upsilon_V[(k+1)T-\tau]}+\upsilon_V[(k+1)T-\tau]-1) & C_{12}\cdots & C_{13}\cdots \\ 0 & C_{21}\cdots & C_{22}\cdots & C_{23}\cdots \\ (k+1)T-\tau & C_{31}\cdots & C_{32}\cdots & C_{33}\cdots \\ 0 & C_{11}(1-\mathrm{e}^{-\upsilon_V[(k+1)T-\tau]}) & C_{12}\cdots & C_{13}\cdots \\ 0 & C_{21}\cdots & C_{22}\cdots & C_{23}\cdots \\ 1 & C_{31}\cdots & C_{32}\cdots & C_{33}\cdots \\ 0 & \upsilon_V\mathrm{e}^{-\upsilon_V[(k+1)T-\tau]} & 0 & 0 \\ 0 & 0 & \upsilon_T\mathrm{e}^{-\upsilon_T[(k+1)T-\tau]} & 0 \\ 0 & 0 & 0 & \upsilon_C\mathrm{e}^{-\upsilon_C[(k+1)T-\tau]} \end{bmatrix}\mathrm{d}\tau \tag{5.26}$$

计算式(5.26)可知

$$\boldsymbol{B}(T)=\begin{bmatrix} 0 & \upsilon_V C_{11}\xi_{11} & \upsilon_T C_{12}\xi_{21} & \upsilon_C C_{13}\xi_{31} \\ 0 & \upsilon_V C_{21}\xi_{11} & \upsilon_T C_{22}\xi_{21} & \upsilon_C C_{23}\xi_{31} \\ T^2/2 & \upsilon_V C_{31}\xi_{11} & \upsilon_T C_{32}\xi_{21} & \upsilon_C C_{33}\xi_{31} \\ 0 & \upsilon_V C_{11}\xi_{12} & \upsilon_T C_{12}\xi_{22} & \upsilon_C C_{13}\xi_{32} \\ 0 & \upsilon_V C_{21}\xi_{12} & \upsilon_T C_{22}\xi_{22} & \upsilon_C C_{23}\xi_{32} \\ T & \upsilon_V C_{31}\xi_{12} & \upsilon_T C_{32}\xi_{22} & \upsilon_C C_{33}\xi_{32} \\ 0 & \upsilon_V\xi_{13} & 0 & 0 \\ 0 & 0 & \upsilon_T\xi_{23} & 0 \\ 0 & 0 & 0 & \upsilon_C\xi_{33} \end{bmatrix} \tag{5.27}$$

式(5.27)中的参数为

$$\xi_{11}=\frac{1}{\upsilon_V^3}\left(1-\upsilon_V T+\frac{\upsilon_V^2 T^2}{2}-\mathrm{e}^{-\upsilon_V T}\right),\quad \xi_{21}=\frac{1}{\upsilon_T^3}\left(1-\upsilon_T T+\frac{\upsilon_T^2 T^2}{2}-\mathrm{e}^{-\upsilon_T T}\right),$$

$$\xi_{31}=\frac{1}{\upsilon_C^3}\left(1-\upsilon_C T+\frac{\upsilon_C^2 T^2}{2}-\mathrm{e}^{-\upsilon_C T}\right),\quad \xi_{12}=\frac{1}{\upsilon_V^2}(-1+\upsilon_V T+\mathrm{e}^{-\upsilon_V T}),$$

$$\xi_{22}=\frac{1}{\upsilon_T^2}(-1+\upsilon_T T+\mathrm{e}^{-\upsilon_T T}),\quad \xi_{32}=\frac{1}{\upsilon_C^2}(-1+\upsilon_C T+\mathrm{e}^{-\upsilon_C T}),$$

$$\xi_{13}=\frac{1}{\upsilon_V}(1-\mathrm{e}^{-\upsilon_V T}),\quad \xi_{23}=\frac{1}{\upsilon_T}(1-\mathrm{e}^{-\upsilon_T T}),\quad \xi_{33}=\frac{1}{\upsilon_C}(1-\mathrm{e}^{-\upsilon_C T})$$

3.噪声输入矩阵的离散化

当采样周期为 T 时,对噪声输入矩阵 $\boldsymbol{\Gamma}(t)$ 进行离散化可知

$$\boldsymbol{\Gamma}(T)=\int_{kT}^{(k+1)T}\boldsymbol{\Phi}[(k+1)T-\tau]\Gamma\mathrm{d}\tau \tag{5.28}$$

将式(5.28)展开可知

$$
\boldsymbol{\Gamma}(T)=\int_{kT}^{(k+1)T}\begin{bmatrix}
\frac{C_{11}}{\upsilon_V^2}(\mathrm{e}^{-\upsilon_V[(k+1)T-\tau]}+\upsilon_V[(k+1)T-\tau]-1) & C_{12}\cdots & C_{13}\cdots \\
C_{21}\cdots & C_{22}\cdots & C_{23}\cdots \\
C_{31}\cdots & C_{32}\cdots & C_{33}\cdots \\
\frac{C_{11}}{\upsilon_V}(1-\mathrm{e}^{-\upsilon_V[(k+1)T-\tau]}) & C_{12}\cdots & C_{13}\cdots \\
C_{21}\cdots & C_{22}\cdots & C_{23}\cdots \\
C_{31}\cdots & C_{32}\cdots & C_{33}\cdots \\
\mathrm{e}^{-\upsilon_V[(k+1)T-\tau]} & 0 & 0 \\
0 & \mathrm{e}^{-\upsilon_T[(k+1)T-\tau]} & 0 \\
0 & 0 & \mathrm{e}^{-\upsilon_C[(k+1)T-\tau]}
\end{bmatrix}\mathrm{d}\tau \tag{5.29}
$$

由式(5.29)可得

$$
\boldsymbol{\Gamma}(T)=\begin{bmatrix}
C_{11}\xi_{11} & C_{12}\xi_{21} & C_{13}\xi_{31} \\
C_{21}\xi_{11} & C_{22}\xi_{21} & C_{23}\xi_{31} \\
C_{31}\xi_{11} & C_{32}\xi_{21} & C_{33}\xi_{31} \\
C_{11}\xi_{12} & C_{12}\xi_{22} & C_{13}\xi_{32} \\
C_{21}\xi_{12} & C_{22}\xi_{22} & C_{23}\xi_{32} \\
C_{31}\xi_{12} & C_{32}\xi_{22} & C_{33}\xi_{32} \\
\xi_{13} & 0 & 0 \\
0 & \xi_{23} & 0 \\
0 & 0 & \xi_{33}
\end{bmatrix} \tag{5.30}
$$

在进行状态预解的状态转移模型中，必须含有反映运动随机性二阶特征的过程噪声协方差矩阵。按照定义计算协方差阵

$$
\boldsymbol{Q}(k)=E[\boldsymbol{w}(k)\boldsymbol{w}^{\mathrm{T}}(k)]=E\{[\boldsymbol{\Gamma}(T)\boldsymbol{\omega}(k)][\boldsymbol{\Gamma}(T)\boldsymbol{\omega}(k)]^{\mathrm{T}}\}=E\{\boldsymbol{\Gamma}(T)\boldsymbol{\omega}(k)\boldsymbol{\omega}^{\mathrm{T}}(k)\boldsymbol{\Gamma}^{\mathrm{T}}(T)\} \tag{5.31}
$$

由于 $\boldsymbol{\Gamma}(T)$ 中并不含有随机性，故有

$$
\boldsymbol{Q}(k)=\boldsymbol{\Gamma}(T)E[\boldsymbol{\omega}(k)\boldsymbol{\omega}^{\mathrm{T}}(k)]\boldsymbol{\Gamma}^{\mathrm{T}}(T) \tag{5.32}
$$

其中，$E[\boldsymbol{\omega}(k)\boldsymbol{\omega}^{\mathrm{T}}(k)]$ 为 VTC 坐标系中的加速度噪声协方差阵。假设三个通道的加速度噪声是互不相关的，则 $E[\boldsymbol{\omega}(k)\boldsymbol{\omega}^{\mathrm{T}}(k)]$ 是对角阵

$$
E[\boldsymbol{\omega}(k)\boldsymbol{\omega}^{\mathrm{T}}(k)]=\begin{bmatrix}\omega_1 & 0 & 0\\ 0 & \omega_2 & 0\\ 0 & 0 & \omega_3\end{bmatrix}=\begin{bmatrix}2\upsilon_V\delta_V^2 & 0 & 0\\ 0 & 2\upsilon_T\delta_T^2 & 0\\ 0 & 0 & 2\upsilon_C\delta_C^2\end{bmatrix} \tag{5.33}
$$

可知过程噪声的协方差矩阵 $\boldsymbol{Q}$ 为对称阵，其右上一半的元素见附录 A。

5.3　雷达导引头观测方程

假设雷达导引头采用脉冲多普勒的制导体制，可测得的量测值有距离、相对速度、高低角和方位角等信号，则测量方程为

$$
\boldsymbol{Y}(k)=\boldsymbol{h}[\boldsymbol{X}(k)]+\boldsymbol{\Pi}(k) \tag{5.34}
$$

其中，$\boldsymbol{Y}(k)=[r \quad \dot{r} \quad \theta_L \quad \varphi_L \quad \dot{\theta}_L \quad \dot{\varphi}_L]$；$\boldsymbol{\Pi}(k)=[v_r \quad v_{\dot{r}} \quad v_{\theta_L} \quad v_{\varphi_L} \quad v_{\dot{\theta}_L} \quad v_{\dot{\varphi}_L}]^{\mathrm{T}}$。

$$\boldsymbol{h}[X(k)]=\begin{bmatrix} \sqrt{r_{Xr}^2+r_{Yr}^2+r_{Zr}^2} \\ (r_{Xr}v_{Xr}+r_{Yr}v_{Yr}+r_{Zr}v_{Zr})/r \\ \arctan\dfrac{r_{zr}}{\sqrt{r_{Xr}^2+r_{Yr}^2}} \\ -\arctan\dfrac{r_{Yr}}{r_{Xr}} \\ \dfrac{1}{r^2\sqrt{r_{Xr}^2+r_{Zr}^2}}[(r_{Xr}^2+r_{Yr}^2)v_{Zr}-v_{Xr}r_{Zr}r_{Xr}-r_{Zr}r_{Yr}v_{Yr}] \\ \dfrac{1}{r_{Xr}^2+r_{Yr}^2}(r_{Xr}v_{Yr}-r_{Yr}v_{Xr}) \end{bmatrix}$$

其中，

$$r_{Xr}=x_g-x_m, r_{Yr}=y_g-y_m, r_{Zr}=z_g-z_m$$

$$v_{Xr}=\dot{x}_g-\dot{x}_m, v_{Yr}=\dot{y}_g-\dot{y}_m, v_{Zr}=\dot{z}_g-\dot{z}_m$$

$v_r, v_{\dot{r}}, v_{\dot{\theta}_L}, v_{\dot{\varphi}_L}, v_{\theta_L}$ 和 v_{φ_L} 分别为相对距离、相对速度、视线倾角速度、视线偏角速度、视线倾角和视线偏角的测量噪声，$x_m, y_m, z_m, \dot{x}_m, \dot{y}_m$ 和 $\dot{z}_m$ 分别为导弹惯导系统给出的导弹位置和速度在 $AX_gY_gZ_g$ 中的分量。测量噪声 $\boldsymbol{\Pi}(k)$ 是均值为零的离散时间白噪声序列，即

$$E[\boldsymbol{\Pi}(k)\boldsymbol{\Pi}^{\mathrm{T}}(k+j)]=0 \quad \forall j\neq 0 \tag{5.35}$$

若 $j=0$，则测量噪声协方差矩阵为

$$\boldsymbol{R}(k)=E[\boldsymbol{\Pi}(k)\boldsymbol{\Pi}^{\mathrm{T}}(k)]=\begin{bmatrix} \sigma_r^2 & 0 & 0 & 0 & 0 & 0 \\ 0 & \sigma_{v_r}^2 & 0 & 0 & 0 & 0 \\ 0 & 0 & \sigma_{\theta_L}^2 & 0 & 0 & 0 \\ 0 & 0 & 0 & \sigma_{\varphi_L}^2 & 0 & 0 \\ 0 & 0 & 0 & 0 & \sigma_{\dot{\theta}_L}^2 & 0 \\ 0 & 0 & 0 & 0 & 0 & \sigma_{\dot{\varphi}_L}^2 \end{bmatrix} \tag{5.36}$$

测量矩阵可以直接利用式(5.37)求出。

$$\boldsymbol{H}_{k+1}=\left.\frac{\partial \boldsymbol{h}[\boldsymbol{X}(k)]}{\partial \boldsymbol{X}}\right|_{\boldsymbol{X}=\hat{\boldsymbol{X}}_{k+1|k}} \tag{5.37}$$

5.4 微分几何制导律制导参数估计的实现

5.4.1 估计算法

作为制导系统的一个基本要素，估计算法的好坏直接影响到系统的性能。扩展卡尔曼滤波算法(EKF)的结构简单，但滤波精度不高，而且在对高度非线性系统参数进行估计时容易发散。粒子滤波(PF)的精度高、适用范围广，但计算复杂，实时性差。鉴于制导参数估计的计算过程主要在弹载计算机上进行，需要严格控制计算的复杂度，而 UKF 是一种基于最优高斯近似 KF 框架的递归估计器，它不是逼近非线性系统模型，而是使用真实的非线性模型来近似状态随机变量的分布，根据文献[227]，其估计精度和实时性能够满足制导系统的基本要求。

因此,本书选用 UKF 算法对制导参数进行估计,其具体算法可参考相关文献,在此不再赘述。

5.4.2　制导参数估计的实现

利用雷达导引头能够测得的相对距离、相对速度、视线倾角、视线偏角、视线倾角速率和视线偏角速率等值,通过滤波可得到目标位置和速度在 $AX_gY_gZ_g$ 中三轴的分量,同时可以得出目标加速度在 VTC 坐标轴上的分量。通过计算可获取微分几何制导律在弧长域中相关的制导参数,其计算如下:

弹目相对距离 $r=\sqrt{r_{Xr}^2+r_{Yr}^2+r_{Zr}^2}$;

相对速度 $r'=(r_{Xr}v_{Xr}+r_{Yr}v_{Yr}+r_{Zr}v_{Zr})/(rv_m)$;

弹目视线倾角 $\theta_L=\arctan\left(r_{Zr}/\sqrt{r_{Xr}^2+r_{Yr}^2}\right)/v_m$;

视线偏角 $\varphi_L=-\arctan(r_{Yr}/r_{Xr})/v_m$;

弹目视线倾角速率 $\theta'_L=[(r_{Xr}^2+r_{Yr}^2)v_{Zr}-v_{Xr}r_{Zr}r_{Xr}-r_{Zr}r_{Yr}v_{Yr}]/(v_mr^2\sqrt{r_{Xr}^2+r_{Zr}^2})$

视线偏角速率 $\varphi'_L=(r_{Xr}v_{Yr}-r_{Yr}v_{Xr})/(v_m(r_{Xr}^2+r_{Yr}^2))$

弹目视线方向单位向量 $\boldsymbol{e}_r=(r_{Xr}/r\quad r_{Yr}/r\quad r_{Zr}/r)$;

视线转率单位向量 $\boldsymbol{e}_\omega=((\boldsymbol{t}_m-m\boldsymbol{t}_t)\times\boldsymbol{e}_r)/r\theta'$;

目标速度大小 $v_t=\sqrt{\dot{x}_g^2+y\dot{x}_g^2+z\dot{x}_g^2}$,目标切向量 $\boldsymbol{t}_t=[\dot{x}_g/v_t\quad\dot{y}_g/v_t\quad\dot{z}_g/v_t]$;

目标的加速度大小 $a_t=\sqrt{\alpha_V^2+\alpha_T^2+\alpha_C^2}$,法向量大小为 $a_{nt}=\sqrt{\alpha_T^2+\alpha_C^2}$;

Frenet 标架与速度坐标系的旋转角度 $\gamma=a\tan(\alpha_T/\alpha_C)$;

在本书后续的六自由度全弹道仿真中,需要将上述参数应用于论文设计的微分几何制导律,可以说,制导参数的有效估计为微分几何制导律的工程实现奠定了基础。

5.5　仿真结果与分析

为了更好地验证上述九状态 GT 模型的性能,采用数字仿真分析其估计效果。考虑到状态转移方程和观测方程的非线性,选用 UKF 滤波器作为求解用滤波器[220]。

本节重点对估计方法的有效性进行验证,为简便分析,认为导弹进入末制导,并且雷达导引头已经成功捕获目标。拦截过程中,假设雷达导引头的距离和相对速度测量误差分别为 40 m和 20 m/s,测角误差为 0.005°,角速率测量误差为 0.01°/s。假设导弹的初始位置为 (0,0,10) m,速度为 1 000 m/s,导弹采用本书设计的 DGG 制导律。目标的初始位置为(10 000,0,25 000) m,速度为 500 m/s。采样周期为 0.05 s,为验证本书提出的九状态 GT 模型能够在目标大机动情况下对目标实施有效跟踪,导弹采用 VDG 制导。下面对两种目标机动情形进行仿真。

仿真 1:目标做圆弧形机动,机动加速度大小为 50 m/s^2;

仿真 2:目标做蛇形机动,机动加速度(单位:m/s^2)大小为

$$\begin{cases}a_C=40\mathrm{sign}(\sin(\pi t/12))\\a_T=40\mathrm{sign}(\sin(\pi t/12))\end{cases}\tag{5.38}$$

仿真中 UKF 的参数设置为:$\alpha=0.1,\beta=2,\kappa=0$。为增加仿真的可信性,采用蒙特卡罗方法对两次仿真的脱靶量和拦截时间进行统计,结果见表 5.1。

表 5.1　制导性能统计

	拦截时间 /s	脱靶量 /m
仿真 1	23.712	3.236
仿真 2	23.874	3.579

仿真 1 的曲线图如图 5.2 所示。

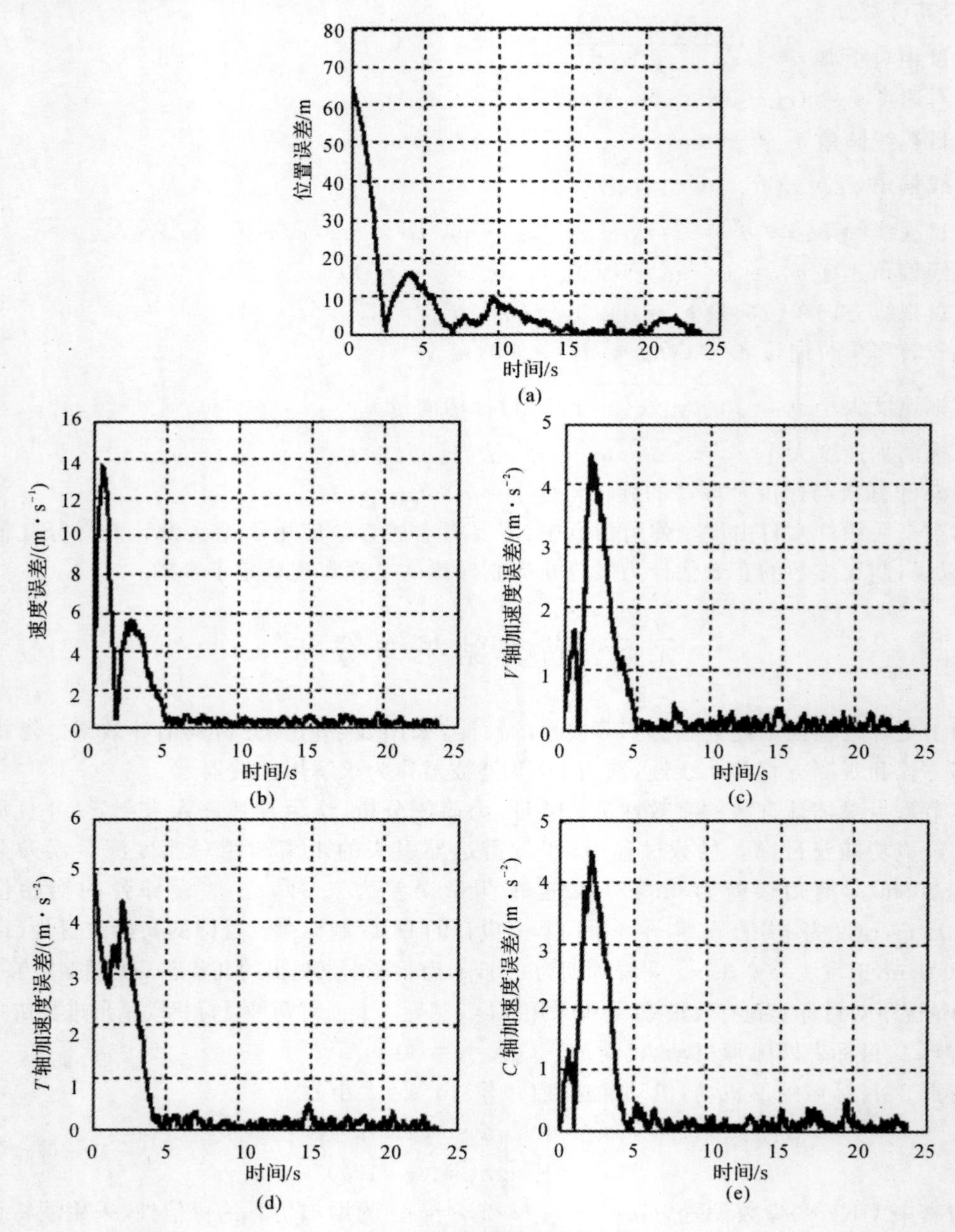

图 5.2　目标状态估计误差曲线

(a) 位置误差标量曲线； (b) 速度误差标量曲线； (c) OX_{VTC} 方向加速度误差标量曲线；
(d) OY_{VTC} 方向加速度误差标量曲线； (e) OZ_{VTC} 方向加速度标量曲线

仿真 2 的曲线图如图 5.3 所示。

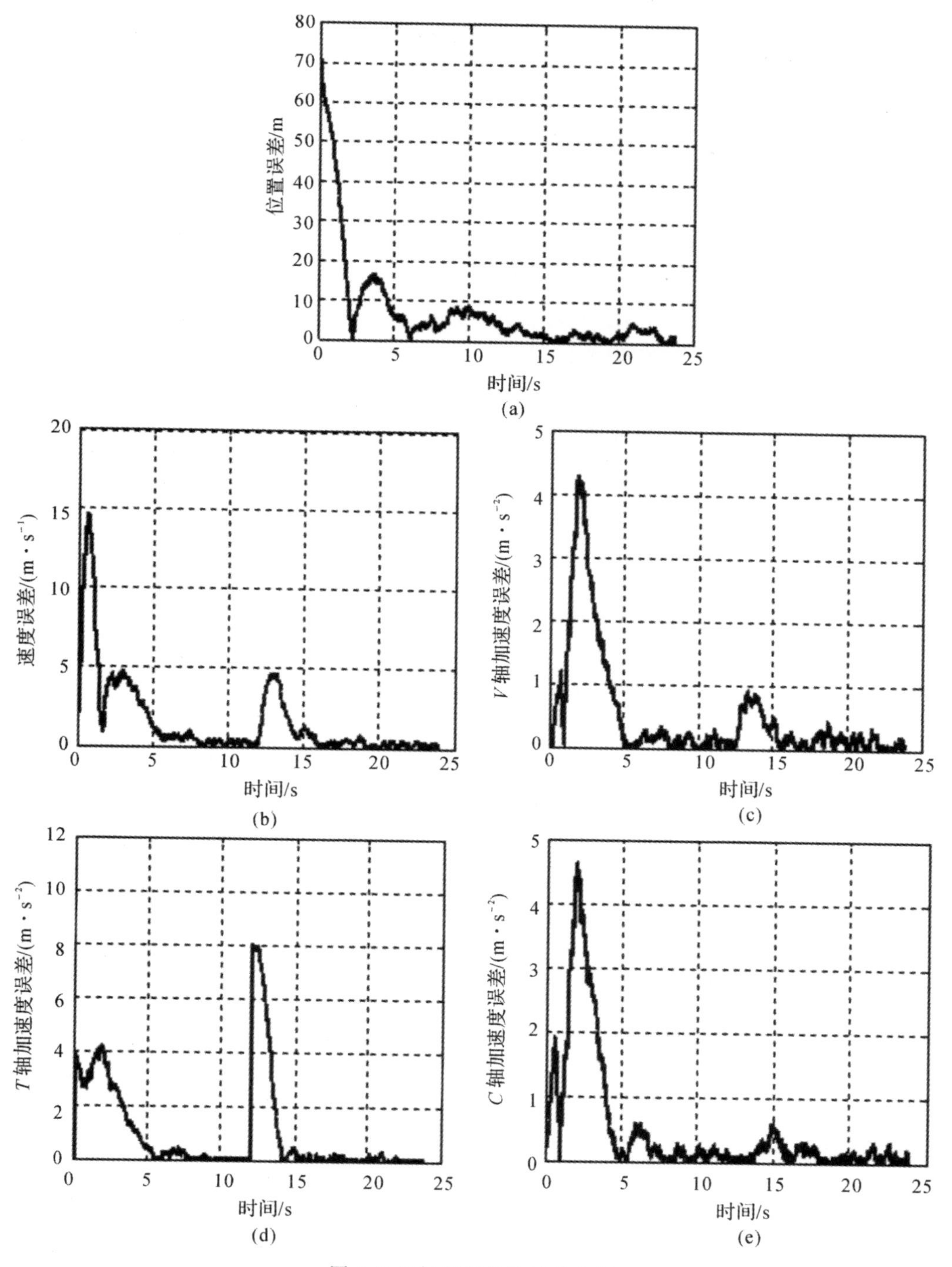

图 5.3 目标状态估计误差曲线

(a) 位置误差标量曲线；(b) 速度误差标量曲线；(c) OX_{VTC} 方向加速度误差标量曲线；(d) OY_{VTC} 方向加速度误差标量曲线；(e) OZ_{VTC} 方向加速度标量曲线

根据表5.1可知，利用本书设计的九状态GT模型和VDG制导律，导弹命中精度高，脱靶量较小，制导精度满足地空导弹的拦截要求。图5.2和图5.3绘制了目标位置、速度以及加速度在 *VTC* 三轴上加速度误差统计结果，在某一时刻 t_k，位置误差统计结果用 $E[e_{rk}]=\sqrt{E[e_{r_{xk}}]^2+[e_{r_{yk}}]^2+[e_{r_{zk}}]^2}$ 计算出来，$E[e_{r_{xk}}]$ 表示 t_k 时刻 r_x 估计误差的数学期望，其他类同。由图5.2和图5.3可知，目标位置、速度和加速度在VTC三轴的加速度误差在拦截的初始段状态估计误差较大，但随着拦截的进行，估计误差能够快速收敛到零值附近。在拦截的初始阶段，目标在VTC坐标系三个轴上的加速度误差较大，误差标量值为5 m/s²，但经过大约5 s时间，误差标量值稳定在零值附近，这也表明九状态GT模型对目标加速度估计误差较小，收敛时间较快。根据图5.3可以看出，当目标做蛇形机动时，在12 s时刻出现估计加速度误差增大现象，这主要是因为在该时刻目标的机动方向发生突变，目标加速度由40 m/s² 切换为－40 m/s²，导致估计误差瞬时增大，但误差幅值不超过8 m/s²，经过大约2 s，估计误差快速收敛至零值，这也从另一方面说明九状态模型和UKF算法对目标机动的反应较为灵敏，能够快速跟踪变机动目标。由目标在惯性坐标系中的位置、速度误差曲线可知，九状态GT模型和UKF算法可以使位置、速度误差快速收敛至零值，这也是弹目相对运动信息，如视线角速率、相对速度和相对距离等计算的基础量值。

从以上仿真可知，目标在空间做复杂机动时，采用本章设计的九状态GT模型和UKF算法，可有效估计弹目相对运动信息以及目标在空间的机动信息，其估计的精度已完全满足先进制导律的导引精度要求，为工程的实现创造了条件。

5.6 本章小结

本章主要研究了微分几何制导律制导参数的自适应估计方法。通过建立VTC坐标系，对目标的加速度在三个坐标轴上的分量分别进行估计，由此将三维问题转化为一维问题来处理；同时，提出一种九状态GT模型，利用预解矩阵法对九状态GT模型进行离散化，给出可用于滤波的离散化目标状态模型；考虑到UKF不仅可以确保滤波的计算稳定，而且大大减少了实际的计算量，因此，结合雷达导引头的观测方程，依据UKF算法实现了制导参数的有效估计；最后的仿真表明，本章的估计方法对机动目标加速度突变的响应较为灵敏，具有较好的跟踪稳定性和收敛性，可应用于实际工程。

第6章　地空导弹六自由度全弹道仿真分析

本章主要介绍了地空导弹六自由度仿真与分析，利用模块化设计的思想，建立弹目拦截的全弹道数字仿真系统，并在VC＋＋6.0和MATLAB 7.0环境下开发了六自由度弹道仿真软件“地空导弹制导控制系统通用仿真平台”(MGCSS)，在MGCSS环境下进行了六自由度仿真，分析对比了设计制导律的制导性能。

6.1　引　　言

本书第2～4章在进行制导律验证时，主要是针对导弹的质点模型，飞行环境较为简单，虽然在仿真过程中考虑了导引头的测量误差等因素，但由于没有考虑导弹弹体特性、质量变化、空气动力学环境、发动机特性，以及执行机构等因素的影响，因此不能严格验证实际过程中导弹拦截目标的特性。为有效检验本书所设计制导律的制导性能，需进行六自由度全弹道仿真[228-230]。

地空导弹拦截机动目标的全弹道综合仿真是建立在导弹数学建模、制导律设计和弹体稳定控制系统设计等工作基础之上，通过系统集成，提供一种试图模拟真实环境下导弹飞行全数字仿真的分析方法。为此，基于VC＋＋和MATLAB开发了“地空导弹制导控制系统通用仿真平台”，并将本书第2～5章研究的制导算法和估计方法在该平台进行验证，分析比较了不同制导律性能的优劣。

6.2　仿真环境建设

地空导弹制导控制系统通用仿真平台(MGCSS)是以VC＋＋6.0和MATLAB 7.0为开发环境，可实现导弹制导律、控制律的验证以及六自由度全弹道仿真等多种功能。仿真时，积分方法采用四阶龙格库塔法，积分步长为0.001 s，数据输出步长为0.1 s。飞行初始段，导弹速度小于目标速度，当弹目相对距离小于100 m时，导引头进入盲区，导弹惯性飞行。

仿真平台采用了模块化、结构化的思想，设计上与实际导弹武器系统保持一致，共由七个子系统组成。每个子系统在程序中对应一个C＋＋类，分别是CGuidance类(制导律模块)、CControl类(控制规律模块)、CActuator类(执行机构模块)、CMissileBody类(弹体模块)、CDynamic类(导弹力学环境模块)、CInertialMeasurement类(惯测组合模块)，以及CTarget类(目标运动模块)等七个类，模块调用流程如图6.1所示。

该软件具有友好的人机交互界面、较齐全的仿真功能和方便灵活的扩展能力，软件运行主界面如图6.2所示。

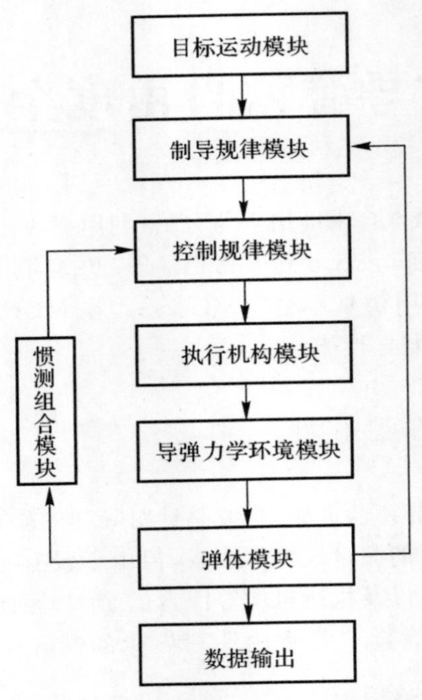

图 6.1　六自由度全弹道仿真流程图

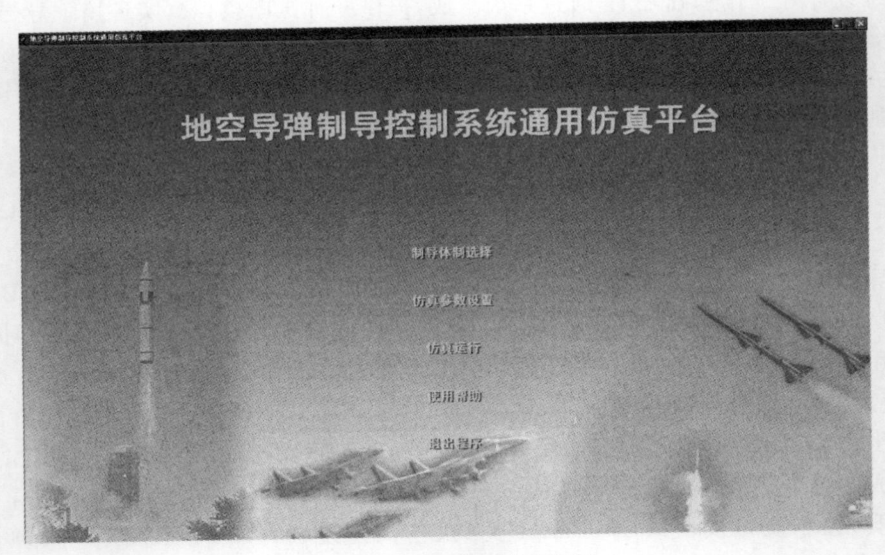

图 6.2　MGCSS 运行主界面

MGCSS 软件主要有以下几个特点。

1. 开放式的仿真环境和强大的人机交互功能

MGCSS 是一个单机版独立运行的数字仿真平台，用户可以介入仿真过程，控制和管理运行策略，灵活地调用制导律模块进行制导算法的验证。此外，该软件还具有强大的人机交互功能，方便用户根据需要进行各种设置。用户可以在界面上选择需要验证的制导律、控制律并设置其参数，同时选择相应的目标机动类型，从而进行不同制导律和控制律的验证。仿真参数设置界面如图 6.3～图 6.5 所示。

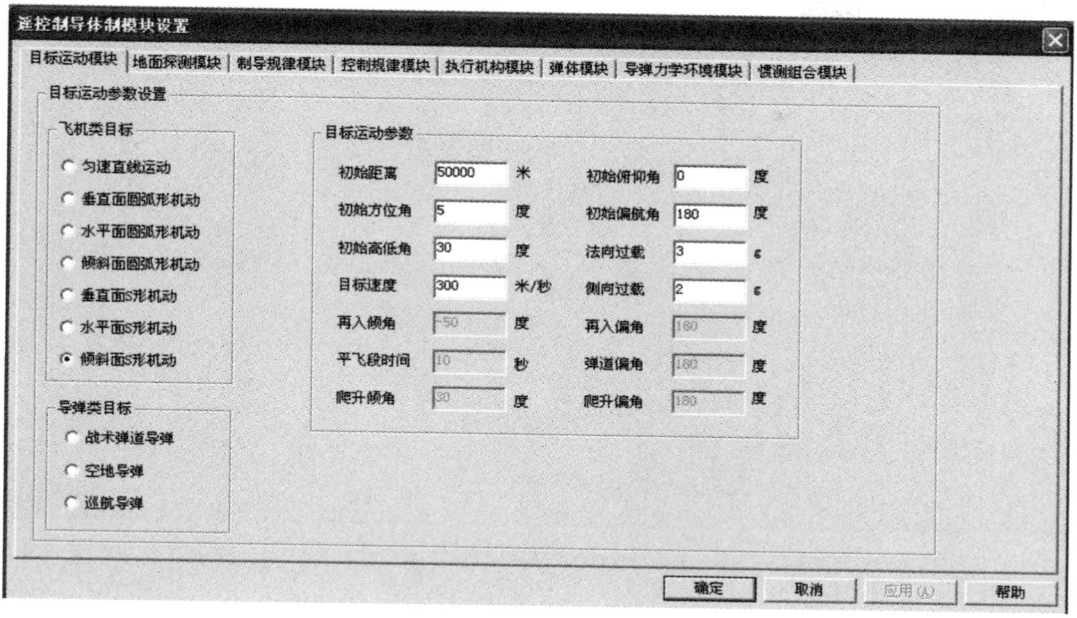

图 6.3　目标模块人机交互主界面

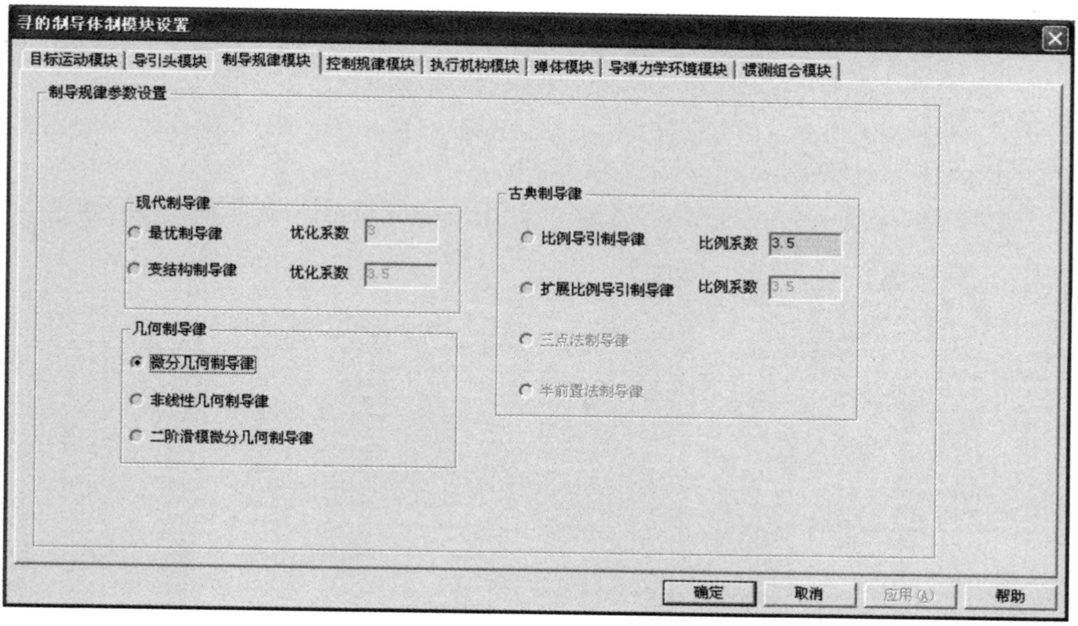

图 6.4　制导律模块人机交互主界面

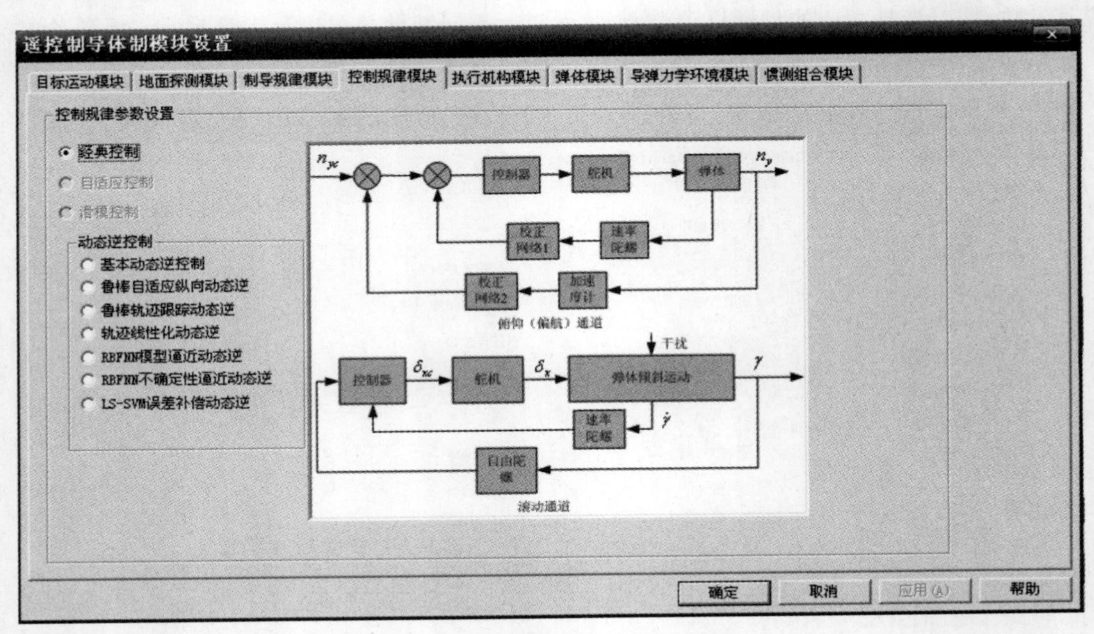

图 6.5　控制规律模块人机交互主界面

2. 基于消息和事件的驱动方式

仿真进程采用消息和事件驱动机制，通过封装各个子模块功能，使各进程达到同步、协调和有序，从而使整个程序的控制更加方便有效。

3. 仿真过程中数据的实时显示及详细的仿真数据记录

用户可根据需要添加在仿真过程实时查看的数据，而且可观察到相关参数的实时变化，达到直观快速的观测效果，实时显示界面如图 6.6 所示。

仿真数据显示

序号	时间	相对距离	俯仰舵偏角	偏航舵偏角	导弹速度	弹道倾角	弹道偏角	攻角	侧滑角	纵向过载
101	10.100	45092.3577	-2.2786	-0.3420	724.2584	26.6583	0.4430	2.7344	0.4104	2.5015
102	10.200	45003.3384	-2.2688	-0.3543	725.4194	26.8517	0.4891	2.7225	0.4252	2.4913
103	10.300	44914.0655	-2.2586	-0.3667	726.5885	27.0440	0.5369	2.7103	0.4400	2.4806
104	10.400	44824.5404	-2.2482	-0.3791	727.7659	27.2351	0.5865	2.6979	0.4549	2.4693
105	10.500	44734.7643	-2.2375	-0.3916	728.9518	27.4250	0.6379	2.6850	0.4699	2.4575
106	10.600	44644.7386	-2.2266	-0.4040	730.1463	27.6137	0.6910	2.6719	0.4848	2.4452
107	10.700	44554.4648	-2.2154	-0.4165	731.3496	27.8011	0.7460	2.6584	0.4998	2.4323
108	10.800	44463.9440	-2.2039	-0.4290	732.5618	27.9872	0.8027	2.6447	0.5148	2.4190
109	10.900	44373.1776	-2.1922	-0.4415	733.7832	28.1720	0.8613	2.6306	0.5298	2.4051
110	11.000	44282.1669	-2.1802	-0.4540	735.0139	28.3553	0.9217	2.6162	0.5448	2.3908
111	11.100	44190.9132	-2.1679	-0.4665	736.2541	28.5372	0.9840	2.6015	0.5599	2.3759
112	11.200	44099.4179	-2.1554	-0.4791	737.5040	28.7177	1.0480	2.5865	0.5749	2.3605
113	11.300	44007.6821	-2.1427	-0.4916	738.7636	28.8967	1.1139	2.5712	0.5899	2.3447
114	11.400	43915.7071	-2.1296	-0.5041	740.0333	29.0741	1.1817	2.5556	0.6049	2.3284
115	11.500	43823.4943	-2.1164	-0.5166	741.3131	29.2500	1.2513	2.5397	0.6199	2.3116
116	11.600	43731.0448	-2.1029	-0.5290	742.6033	29.4243	1.3228	2.5234	0.6348	2.2943
117	11.700	43638.3600	-2.0891	-0.5415	743.9039	29.5970	1.3962	2.5069	0.6497	2.2766
118	11.800	43545.4409	-2.0751	-0.5539	745.2153	29.7680	1.4714	2.4901	0.6646	2.2584
119	11.900	43452.2888	-2.0609	-0.5662	746.5374	29.9373	1.5485	2.4730	0.6795	2.2397
120	12.000	43358.9049	-2.0464	-0.5786	747.8706	30.1049	1.6274	2.4557	0.6943	2.2206
121	12.100	43265.2904	-2.0317	-0.5909	749.2150	30.2707	1.7082	2.4380	0.7090	2.2010
122	12.200	43171.4464	-2.0167	-0.6031	750.5707	30.4348	1.7909	2.4201	0.7237	2.1810
123	12.300	43077.3741	-2.0015	-0.6153	751.9379	30.5970	1.8754	2.4018	0.7384	2.1606

添加需要显示的参数：导弹坐标(x)　导弹坐标(y)　导弹坐标(z)　弹道仿真　弹道曲线

目标坐标(x)　目标坐标(y)　目标坐标(z)　仿真进行中…　退出

图 6.6　仿真过程实时显示界面

仿真结束后，每个子模块的输出数据均以"'类名'.txt"的文件名保存在软件主目录下，可对结果进行详细分析。在实时显示界面点击"弹道曲线"按钮，可把导弹-目标运动轨迹、导弹姿态角、速度、过载，以及舵偏角等变化量以曲线的方式提供给用户，使观测效果更为直观。

6.3　全弹道综合仿真与结果分析

6.3.1　仿真过程与参数

软件在仿真过程中模拟了真实的拦截作战过程，地面雷达站发现来袭目标，通过计算确定发射时刻，同时对导弹的初始参数进行预置；导弹垂直发射后，初始段按程序转弯，向着目标方向飞行，地面制导站捕获导弹后，导弹控制系统开始工作，导弹进入中制导段；当导弹和目标相距一定的距离时，目标进入雷达导引头观测范围，雷达导引头开机并捕获目标，末制导开始。为简化问题，仿真过程中认为中制导段和末制导段交接较为平稳。仿真过程中设定导弹有二级推力，本书的导弹控制器参照文献[228]设计，该控制器已经进行了仿真验证，能够保证控制器快速跟踪制导指令。需要指出的是，仿真平台中的执行机构为二阶惯性环节并且已考虑其物理限制，但导弹在空间姿态角的变化、位置的变化等都会使导弹的力学环境发生变化，因此，导弹相关的气动力系数和力矩系数均根据导弹当前的姿态、速度和高度等数据插值得出，导弹的三轴转动惯量根据导弹设计时的计算公式进行求取，具体参数不再给出。大气密度计算参照 1955 年美国标准大气数据[119]。

仿真中，当导弹与目标距离小于 100 m 时，进入导引头盲区，此时导弹做惯性飞行，导引头测量误差为 0.01°/s。其弹目初始运动的参数设置见表 6.1。

表 6.1　导弹和目标的初始仿真参数

	导弹	目标	
位置/m	(0,0,0)	(18 794,6 839,0)	
初始速度/($m \cdot s^{-1}$)	0	400	
弹道倾角/(°)	90	0	
弹道偏角/(°)	0	180	
机动形式及过载/g	——	不机动	0
		倾斜圆弧形	3
		蛇形	3

6.3.2　仿真结果及性能分析

根据以上给出的仿真参数，对目标不机动、倾斜圆弧型机动和蛇形机动三种情形分别进行仿真，其统计脱靶量和拦截时间见表 6.2。为更好地了解所设计的制导律的制导性能，将导弹的速度曲线、舵偏角曲线、视线角速率变化曲线，以及姿态角(包括攻角、侧滑角和弹道倾角和弹道偏角)分别进行绘制，需要说明的是，过载曲线是指导弹的输出过载。仿真结果分别如图

6.7～图 6.9 所示。

表 6.2　制导律拦截性能比较

机动方式	制导参数	PN	DGG	VDG	SVG
目标不机动	脱靶量/m	5.642	3.253	2.813	2.262
	拦截时间/s	23.465	24.474	23.323	23.421
倾斜圆弧形机动	脱靶量/m	12.334	5.853	3.568	3.257
	拦截时间/s	24.487	24.505	24.434	24.336
蛇形机动	脱靶量/m	14.692	6.632	3.691	3.371
	拦截时间/s	23.636	23.654	23.615	23.622

仿真 1：目标不机动

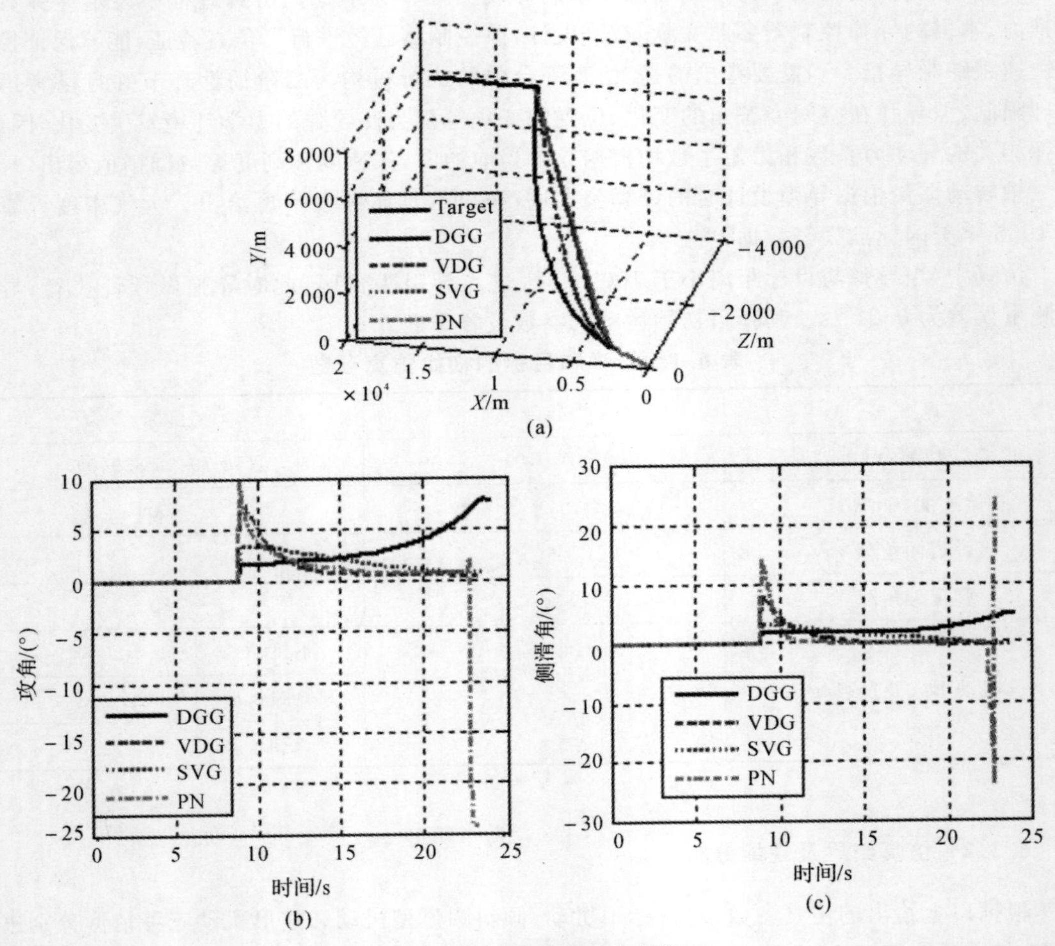

图 6.7　弹目拦截参数变化曲线图

(a)三维弹道曲线；(b)攻角变化曲线；(c)侧滑角变化曲线

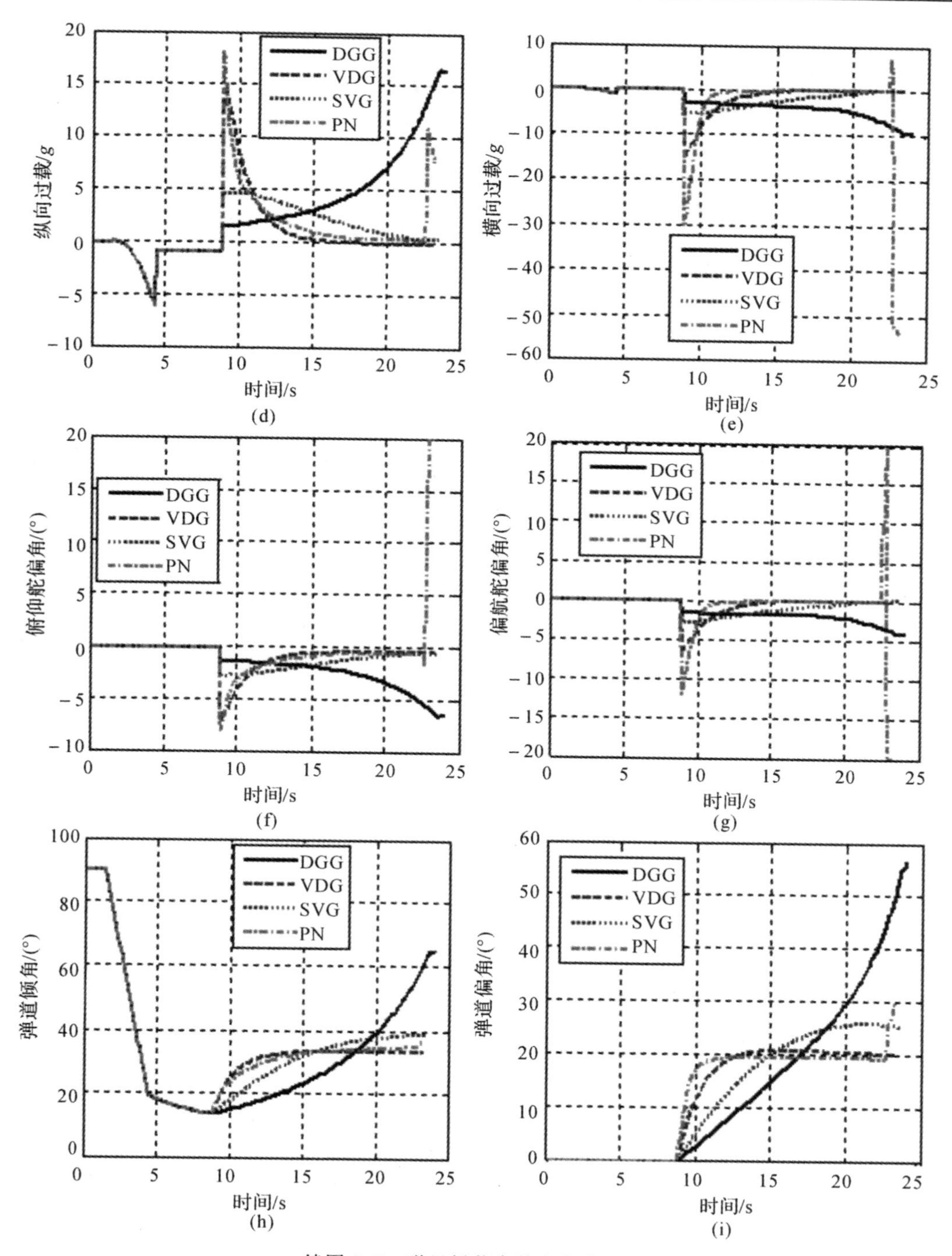

续图 6.7　弹目拦截参数变化曲线图

(d)纵向过载变化曲线；(e)横向过载变化曲线；(f)俯仰舵偏角变化曲线；
(g)偏航舵偏角变化曲线；(h)弹道倾角变化曲线；(i)弹道偏角变化曲线

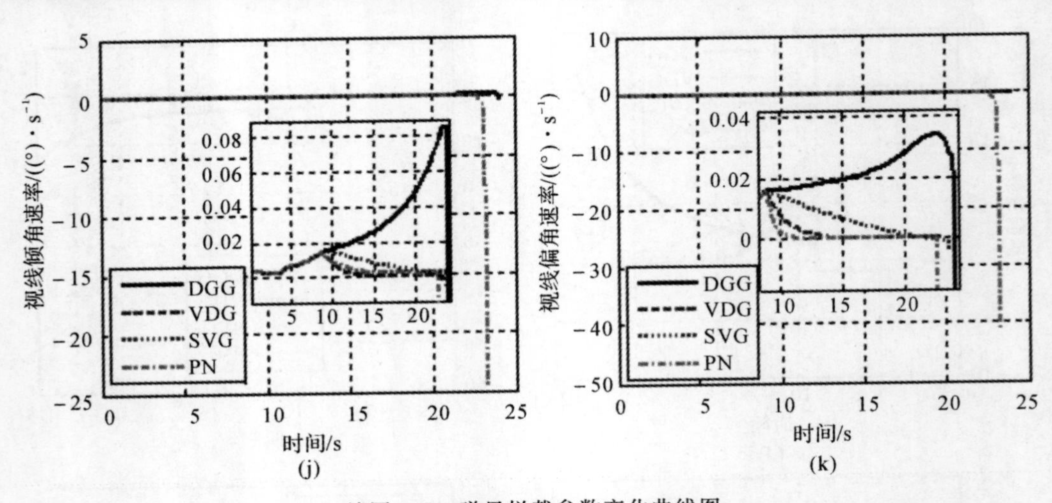

续图 6.7　弹目拦截参数变化曲线图

(j)视线倾角速率变化曲线；（k)视线偏角速率变化曲线

仿真 2:目标倾斜圆弧形机动

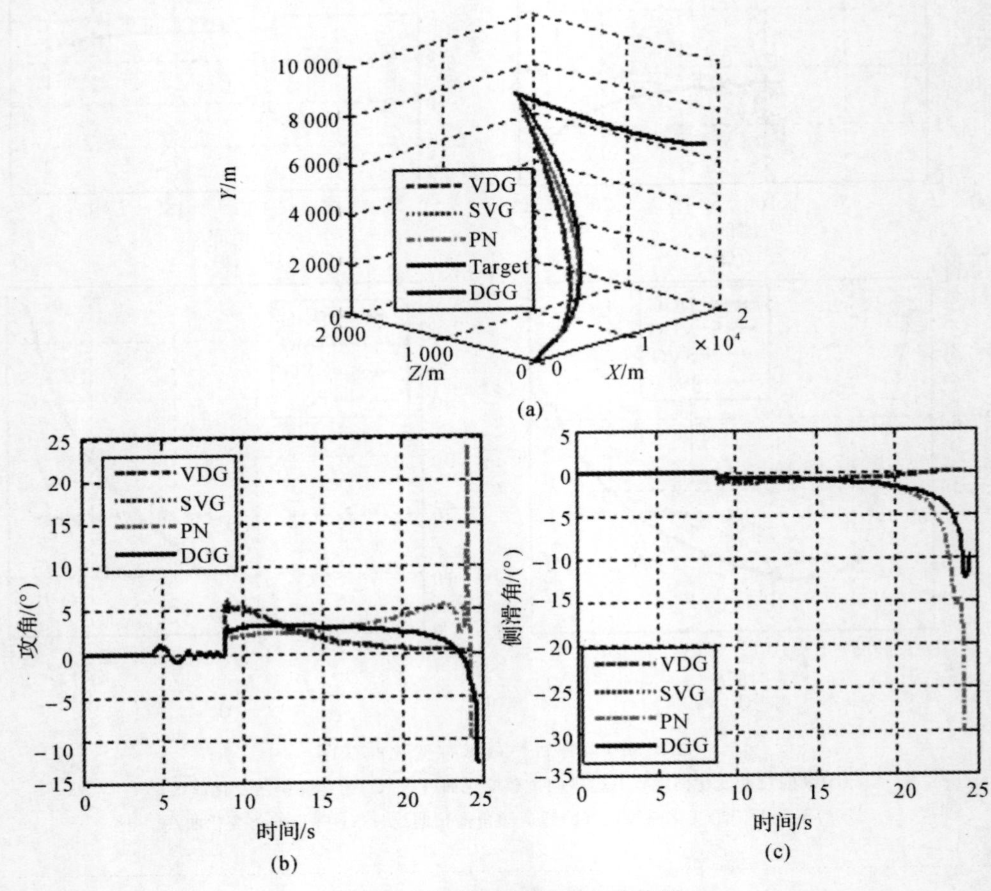

图 6.8　弹目拦截参数变化曲线图

(a)三维弹道曲线；（b)攻角变化曲线；（c)侧滑角变化曲线

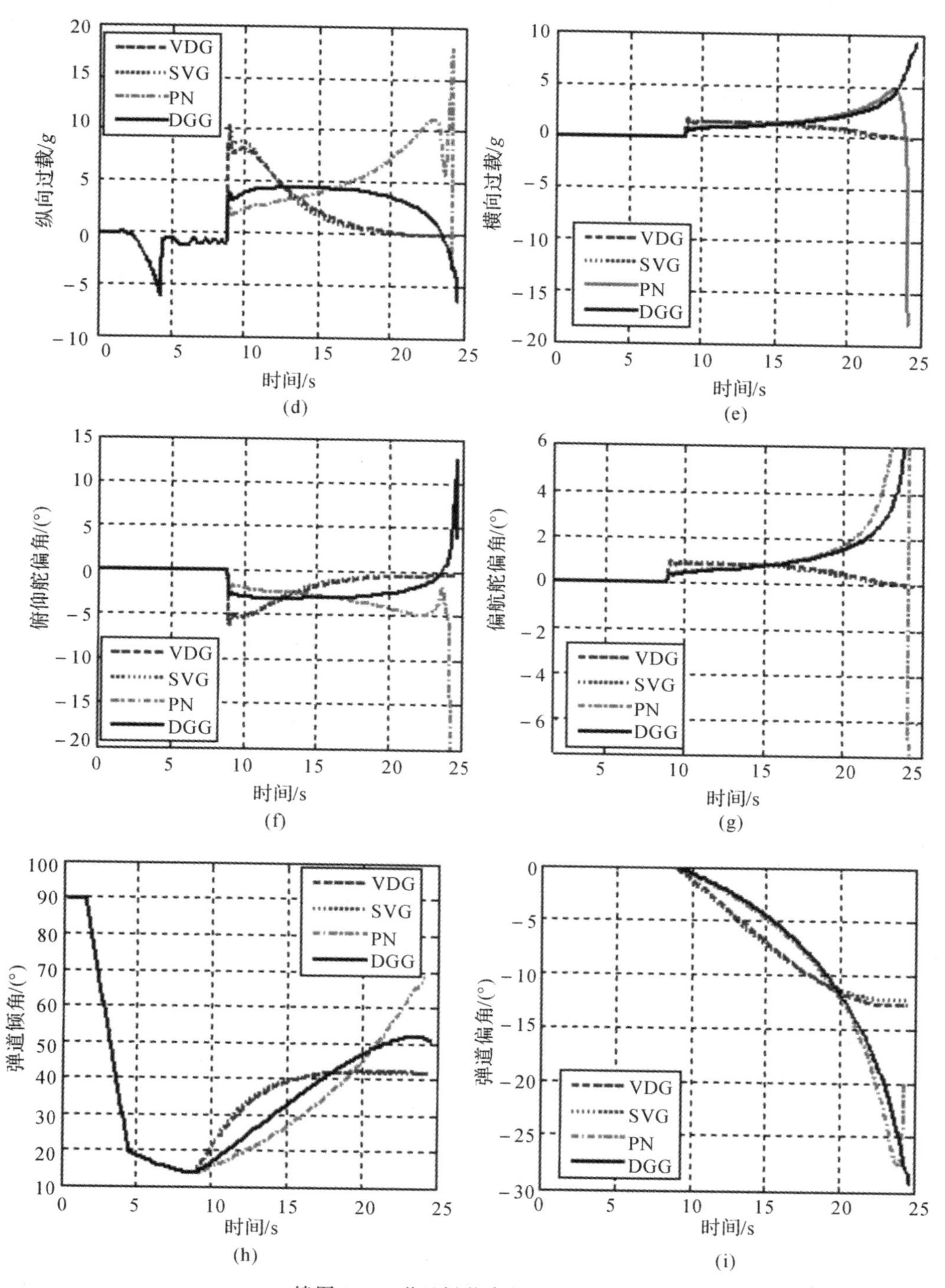

续图 6.8　弹目拦截参数变化曲线图

(d)纵向过载变化曲线；(e)横向过载变化曲线；(f)俯仰舵偏角变化曲线；
(g)偏航舵偏角变化曲线；(h)弹道倾角变化曲线；(i)弹道偏角变化曲线

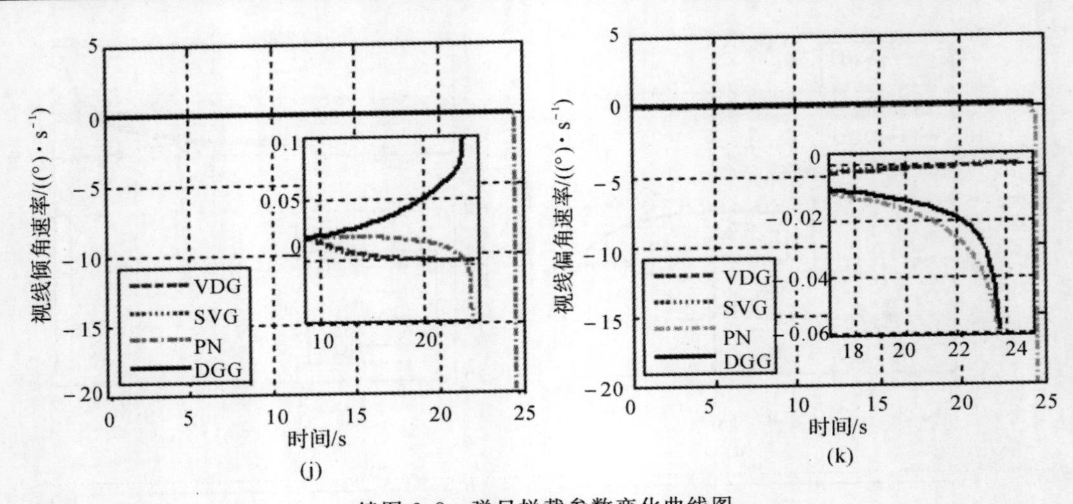

续图 6.8 弹目拦截参数变化曲线图

(j)视线倾角速率变化曲线； (k)视线偏角速率变化曲线

仿真 3:目标蛇形机动

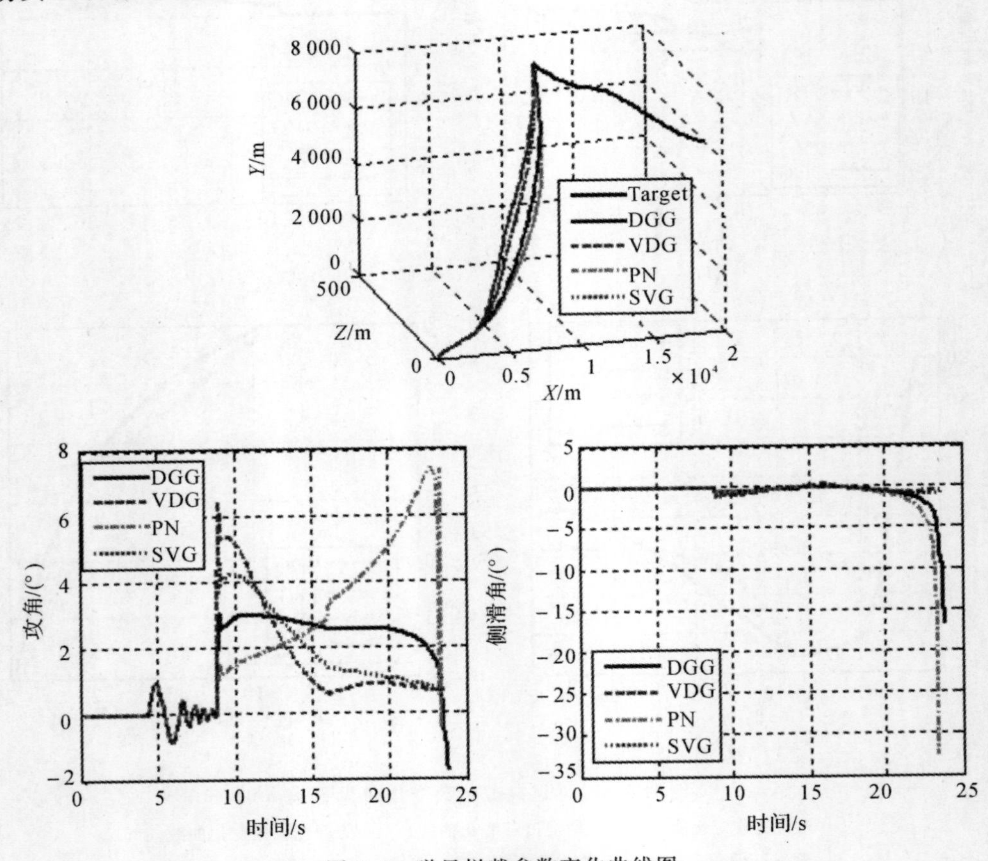

图 6.9 弹目拦截参数变化曲线图

(a)三维弹道曲线； (b)攻角变化曲线； (c)侧滑角变化曲线

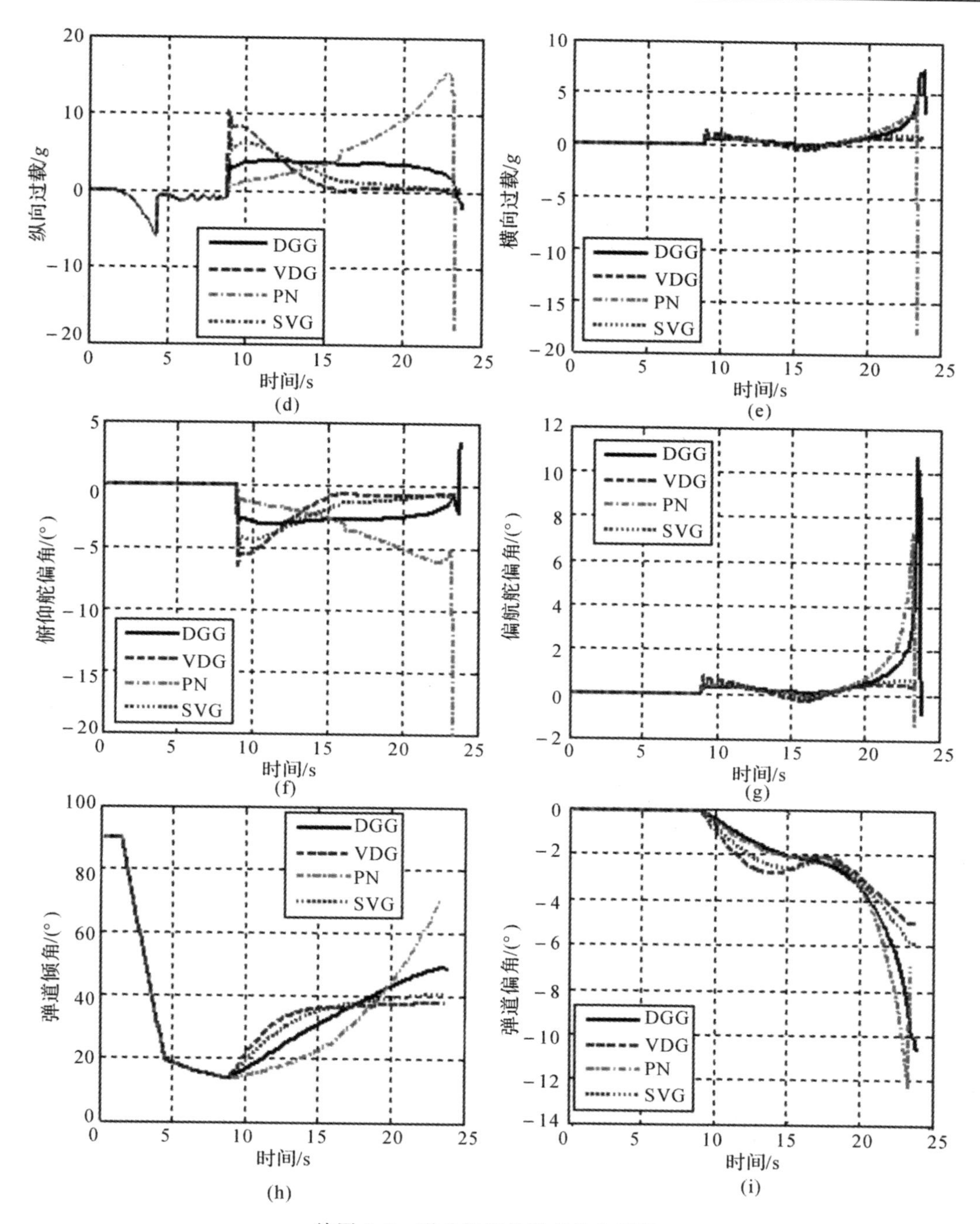

续图 6.9　弹目拦截参数变化曲线图

(d)纵向过载变化曲线；(e)横向过载变化曲线；(f)俯仰舵偏角变化曲线；
(g)偏航舵偏角变化曲线；(h)弹道倾角变化曲线；(i)弹道偏角变化曲线

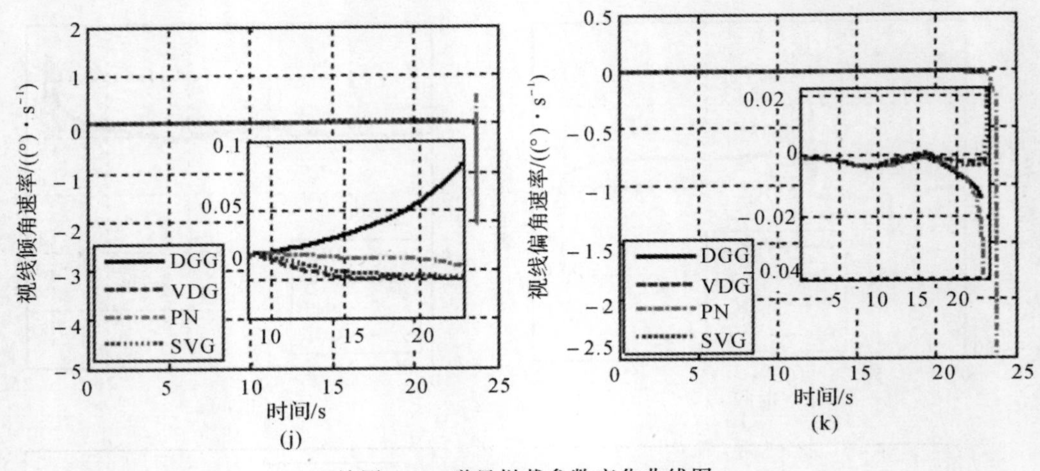

续图 6.9　弹目拦截参数变化曲线图

(j)视线倾角速率变化曲线；（k)视线偏角速率变化曲线

根据以上仿真结果可知，采用本书设计的制导律能够对仿真平台设置的非机动目标和机动目标进行有效拦截，导弹对应的姿态以及制导角度也比较合理。在实际的拦截过程中，由于导弹飞行的气动环境不断变化，加之导弹本身飞行控制系统带来的系统延迟和惯性环节，因此相对于第 2,4,5 章，制导律的制导精度有所下降；针对目标不机动的情形，获得的脱靶量较小，而当目标做一定的机动时，脱靶量有所增加。根据表 6.2 拦截性能参数表可知，相对于 PN 和 DGG 制导，采用 VDG 和 SVG 制导时的拦截时间相差不多，但制导精度明显提高。

根据图 6.7、图 6.8 和图 6.9 的弹道曲线(a)可知，DGG 和 PN 弹道较为弯曲，而 VDG 和 SVG 弹道曲率变化较小。导弹经过程序初制导后，舵机解锁。由图 6.7(b)～(e)，图 6.8(b)～(e)和图 6.9(b)～(e)可知，在制导阶段开始后，VDG 和 DGG 积极调整自身的角度，快速补偿目标运动引起的制导位置误差，使得导弹解锁时瞬时过载较大，舵偏角也较大，从而攻角和侧滑角也较大，而 PN 制导没有及时补偿目标的机动信息，造成了后期的强制补偿，因此，PN 制导在命中点附近过载迅速增大，容易造成过载饱和。由于微分几何制导律末段过载稳定在零值附近，使得这类制导律有利于工程实现，同样也是其性能优越的原因之一。另外可以看出，在导弹程序转弯阶段的 4.4～8.8 s 之间，导弹属于无控阶段，因此导弹的输出过载和攻角存在一定的抖动。根据图 6.7(j)～(k)，图 6.8(j)～(k)和图 6.9(j)～(k)视线角速率变化曲线可知，设计的 VDG 和 SVG 制导律都能够有效抑制视线角速率的旋转，特别是在拦截的末段，视线角速率趋近于在零值附近变化，这主要是由于 VDG 和 SVG 初始制导阶段姿态的调整，使其在后期有充足的时间将导弹调整到合适的位置等待碰撞目标，从而达到拦截的目的；视线变化的差别也解释了为何微分几何制导律对应的过载较 PN 制导律更为理想，充分说明了本书设计的制导律比 PN 制导律更加有效。相对于 PN 制导，DGG 在拦截非机动目标时表现出较好的制导特性，末段视线角速率虽然出现一定增加，但幅值较小；对机动目标拦截时，DGG 的性能有所降低，但相对于 PN 制导，其过载变化较为平稳，弹道倾角和弹道偏角(图 6.7～图6.9中的(h)～(i))、攻角和侧滑角等变化平缓，因此，设计的 DGG 同样满足实际拦截场景的需要。

本章的综合仿真表明，设计的三种制导律完全可用于实际的拦截场景。由于考虑了导弹在空中飞行的几何外形、力学环境模型、动力推进模型，以及执行机构的物理约束等因素，并且生成的舵偏角完全可执行，增加了仿真结果的可信度。另外，通过仿真结果可以看出，不管是拦截机动目标还是非机动目标，相对于经典的 PN 制导，新设计的制导律表现出更好的制导性能，同时在一定程度上弥补了传统 PN 制导的固有缺陷。

6.4 本章小结

本章介绍了六自由度仿真平台 MGCSS 的开发环境、仿真流程、模块组成和主要特点，并基于 MGCSS 平台，对基于零化视线角速率的微分几何制导律、非线性微分几何制导律，以及基于二阶滑模控制的微分几何制导律进行了六自由度仿真验证。结果表明，本书所设计的制导律均是有效的，且具有较强的鲁棒性，对于地空导弹武器系统的设计具有一定的参考价值。

附　录

$Q(1,1)=C_{11}^2\xi_{11}^2\omega_1+C_{12}^2\xi_{21}^2\omega_2+C_{13}^2\xi_{31}^2\omega_3$

$Q(1,2)=C_{11}C_{21}\xi_{11}^2\omega_1+C_{12}C_{22}\xi_{21}^2\omega_2+C_{13}C_{23}\xi_{31}^2\omega_3$

$Q(1,3)=C_{11}C_{31}\xi_{11}^2\omega_1+C_{12}C_{32}\xi_{21}^2\omega_2+C_{13}C_{33}\xi_{31}^2\omega_3$

$Q(1,4)=C_{11}^2\xi_{11}\xi_{12}\omega_1+C_{12}^2\xi_{21}\xi_{22}\omega_2+C_{13}^2\xi_{31}\xi_{32}\omega_3$

$Q(1,5)=C_{11}C_{12}\xi_{11}\xi_{12}\omega_1+C_{12}C_{22}\xi_{21}\xi_{22}\omega_2+C_{13}C_{23}\xi_{31}\xi_{32}\omega_3$

$Q(1,6)=C_{11}C_{31}\xi_{11}\xi_{12}\omega_1+C_{12}C_{32}\xi_{21}\xi_{22}\omega_2+C_{13}C_{33}\xi_{31}\xi_{32}\omega_3$

$Q(1,7)=C_{11}\xi_{11}\xi_{13}\omega_1$，　$Q(1,8)=C_{12}\xi_{21}\xi_{23}\omega_2$，　$Q(1,9)=C_{13}\xi_{31}\xi_{33}\omega_3$

$Q(2,2)=C_{21}^2\xi_{11}^2\omega_1+C_{22}^2\xi_{21}^2\omega_2+C_{23}^2\xi_{31}^2\omega_3$

$Q(2,3)=T_{21}T_{31}\xi_{11}^2\omega_1+T_{22}T_{32}\xi_{21}^2\omega_2+T_{23}T_{33}\xi_{31}^2\omega_3$

$Q(2,4)=C_{21}C_{11}\xi_{11}\xi_{12}\omega_1+C_{22}C_{21}\xi_{21}\xi_{22}\omega_2+C_{23}C_{13}\xi_{31}\xi_{32}\omega_3$

$Q(2,5)=C_{21}^2\xi_{11}\xi_{12}\omega_1+C_{22}^2\xi_{21}\xi_{22}\omega_2+C_{23}^2\xi_{31}\xi_{32}\omega_3$

$Q(2,6)=C_{21}C_{31}\xi_{11}\xi_{12}\omega_1+C_{22}C_{32}\xi_{21}\xi_{22}\omega_2+C_{23}C_{33}\xi_{31}\xi_{32}\omega_3$

$Q(2,7)=C_{21}\xi_{11}\xi_{13}\omega_1$，　$Q(2,8)=C_{22}\xi_{21}\xi_{23}\omega_2$，　$Q(2,9)=C_{23}\xi_{31}\xi_{33}\omega_3$

$Q(3,3)=C_{31}^2\xi_{11}^2\omega_1+C_{32}^2\xi_{21}^2\omega_2+C_{33}^2\xi_{31}^2\omega_3$

$Q(3,4)=C_{31}C_{11}\xi_{11}\xi_{12}\omega_1+C_{32}C_{21}\xi_{21}\xi_{22}\omega_2+C_{33}C_{13}\xi_{31}\xi_{32}\omega_3$

$Q(3,5)=C_{31}C_{21}\xi_{11}\xi_{12}\omega_1+C_{32}C_{22}\xi_{21}\xi_{22}\omega_2+C_{33}C_{23}\xi_{31}\xi_{32}\omega_3$

$Q(3,6)=C_{31}^2\xi_{11}\xi_{12}\omega_1+C_{32}^2\xi_{21}\xi_{22}\omega_2+C_{33}^2\xi_{31}\xi_{32}\omega_3$

$Q(3,7)=C_{31}\xi_{11}\xi_{13}\omega_1$，　$Q(3,8)=C_{32}\xi_{21}\xi_{23}\omega_2$，　$Q(3,9)=C_{33}\xi_{31}\xi_{33}\omega_3$

$Q(4,4)=C_{11}^2\xi_{12}^2\omega_1+C_{12}^2\xi_{22}^2\omega_2+C_{13}^2\xi_{32}^2\omega_3$

$Q(4,5)=C_{11}C_{21}\xi_{12}^2\omega_1+C_{12}C_{22}\xi_{22}^2\omega_2+C_{13}C_{23}\xi_{32}^2\omega_3$ $Q(4,6)=$
$C_{11}C_{31}\xi_{12}^2\omega_1+C_{12}C_{32}\xi_{22}^2\omega_2+C_{13}C_{33}\xi_{32}^2\omega_3$

$Q(4,7)=C_{11}\xi_{12}\xi_{13}\omega_1$，　$Q(4,8)=C_{12}\xi_{22}\xi_{23}\omega_2$，　$Q(4,9)=C_{13}\xi_{32}\xi_{33}\omega_3$

$Q(5,5)=C_{21}^2\xi_{12}^2\omega_1+C_{22}^2\xi_{22}^2\omega_2+C_{23}^2\xi_{32}^2\omega_3$

$Q(5,6)=C_{21}C_{31}\xi_{12}^2\omega_1+C_{22}C_{32}\xi_{22}^2\omega_2+C_{23}C_{33}\xi_{32}^2\omega_3$

$Q(5,7)=C_{21}\xi_{12}\xi_{13}\omega_1$，　$Q(5,8)=C_{22}\xi_{22}\xi_{23}\omega_2$，　$Q(5,9)=C_{23}\xi_{32}\xi_{33}\omega_3$

$Q(6,6)=C_{31}^2\xi_{12}^2\omega_1+C_{32}^2\xi_{22}^2\omega_2+C_{33}^2\xi_{32}^2\omega_3$

$Q(6,7)=C_{31}\xi_{12}\xi_{13}\omega_1$，　$Q(6,8)=C_{32}\xi_{22}\xi_{23}\omega_2$，　$Q(6,9)=C_{33}\xi_{32}\xi_{33}\omega_3$

$Q(7,7)=\xi_{V3}^2\omega_1$，　$Q(7,8)=0$，　$Q(7,9)=0$，　$Q(8,8)=\xi_{T3}^2\omega_2$，　$Q(8,9)=0$

$Q(9,9)=\xi_{C3}^2\omega_3$

参考文献

[1] 雷虎民,李炯,胡小江,等. 导弹制导与控制原理[M]. 2 版. 北京:国防出版社,2018.

[2] 卢晓东,周军,刘光辉,等. 导弹制导系统原理[M]. 北京:国防工业出版社,2015.

[3] TAHK M J, RYOO C K, CHO H J. Recursive Time - To - Go Estimation for Homing Guidance Missile[J]. IEEE Transaction on aerospace and electronic systems. 2002,38(1):13 - 24.

[4] JIN Y C, DONG K C, HEUM P C. Nonlinear Adaptive Guidance Considering Target Uncertainties and Control Loop Dynamics[C]. Proceedings of the American Control Conference. Arlington, 2001:506 - 511.

[5] 江加和. 导弹制导原理[M]. 北京:北京航空航天大学出版社,2012.

[6] GHOSE D. True proportional navigation with maneuvering target [J]. IEEE Transaction on aerospace and electronic systems,1994,30(1):229 - 237.

[7] GUELMAN M. A qualitative study of proportional navigation[J]. IEEE Transaction on aerospace and electronic systems,1971,7(4):637 - 643.

[8] GUELMAN M, SHINR J. Optimal guidance law in the plane[J]. IEEE Journal Guidance and Control Dynamic,1996,7(4):471 - 476.

[9] TALOLE S E, BANAVAR R N. Proportional navigation through predictive control [J]. IEEE Journal Guidance and Control Dynamic,1998,21(6):1004 - 1006.

[10] 赫泰龙,陈万春,周浩. 高阶线性比例制导系统脱靶量幂级数解[J]. 航空学报,2018,39(11):322241 - 1 - 322241 - 10.

[11] ROBERT W, MORGAN. A New Paradigm in Optimal Missile Guidance[M]. The University of Arizona,2007.

[12] DI ZHOU. Optimal Sliding - Mode Guidance of a Homing - Missile[C]. Proceedings of the 38th Conference on Decision & Control. Phoenix, USA,1999:5131 - 5136.

[13] JESUS G F, MIGUEL A G. Optimal Guidance of Low - Thrust Trajectories[J]. Journal of Guidance, Control, and Dynamics,2010,33(6):1913 - 1917.

[14] 吴佳斌,张钰凡,黄伟. 空地 DBS 导弹最优制导律设计[J]. 西北工业大学学报,2017,35(3):380 - 384.

[15] BEHROUZ E, MOHSEN B, JAFAR R. Optimal sliding - mode guidance with terminal velocity constraint for fixed - interval propulsive maneuvers [J]. Acta Astronautica,2008,62:556 - 562.

[16] HAN D P,SUN W M, LIU K. Novel Sliding 2 mode Guidance Law Based on Lie2 group Method[J]. Journal of China ordnance, 2010,6(1):25 - 34.

[17] TAL S, ODED M G. Sliding Mode Control for Integrated Missile Autopilot - Guidance[C]. AIAA Guidance, Navigation, and Control Conference and Exhibit,

Rhode Island,2004 - 4884.

[18] SHAUL G, ORLY G. 3D differential game guidance[J]. Applied Mathematics and Computation,2010,217:1077 - 1084.

[19] VITALY S, TAL S. Linear Quadratic Differential Games Guidance Law for Imposing a Terminal Intercept Angle[C]. AIAA Guidance, Navigation and Control Conference and Exhibit, Honolulu, Hawaii,2008 - 7302:1 - 19.

[20] 常晓飞,孙博,闫杰. 针对高速机动目标的三维非线性微分对策制导律[J]. 弹道学报,2018,30(3):1 - 6.

[21] 胡锡精,严卫钢,黄雪梅. 基于奇异摄动与反馈线性化的滑翔制导律[J]. 航天控制,2011,29(2):10 - 14.

[22] 富立,陈新海,富钢. 奇异摄动系统的边界层鲁棒控制研究及应用[J]. 控制与决策,1997,12(5):565 - 570.

[23] 乔洋,陈刚,陈士橹. 一种快速爬升和快速下降的奇异摄动最优中制导律设计[J]. 固体火箭技术,2008,31(3):205 - 224.

[24] YANG C D, CHEN H Y. Nonlinear H^{∞} Robust Guidance Law for Homing Missiles[J]. Journal of Guidance, Control and Dynamics, 1998, 21(5): 882 - 890.

[25] 雷虎民,张旭,李炯,等. 拦截高速机动目标的动态终端滑模制导律设计[J]. 固体火箭技术,2015, 38(2):160 - 165.

[26] CHEN B S, CHEN Y Y, LIN C L. Nonlinear Fuzzy H^{∞}, Guidance Law with Saturation of Actuators Against Maneuvering Targets[J]. IEEE Transactions on Control Systems and Technology, 2002, 10(5): 769 - 779.

[27] 李新国,毛承元,陈红英. H^{∞}制导律的统计性能[J]. 西北工业大学学报(自然科学版),2004,22(1): 21 - 24.

[28] 耿峰, 祝小平. 高速攻击型无人机非线性鲁棒制导律研究[J]. 宇航学报,2008,3:922 - 927.

[29] VAN D, SCHAFT A J. L2 - Gain Analysis of Nonlinear Systems and Nonlinear State Feedback H^{∞} Control[J]. IEEE Transactions on Automatic Control, 1992, 37(5): 770 - 784.

[30] ZHOU D, MU C D, SHEN T L. Robust Guidance Law with L2 Gain Performance [J]. Transactions on the Japan Society for Aeronautical and Space Sciences, 2001, 44 (144):82 - 88.

[31] SERGE LANG. Fundamentals of Differential Geometric[M]. Springer, 1999.

[32] 袁丽英,李杰,李士勇. 拦截机动目标自适应反馈线性化末制导律[J]. 北京理工大学学报,2009,29(5):386 - 389.

[33] 周觐,雷虎民. 真比例导引反高速目标拦截能力分析[J]. 系统工程与电子技术,2018,40(10):2296 - 2301.

[34] 李士勇,袁丽英. 拦截机动目标的自适应模糊末制导律设计[J]. 电机与控制学报,2009,13(2):312 - 316.

[35] 郭鹏飞,任章. 一种攻击大机动目标的组合导引律[J]. 宇航学报,2005,26(1):104 -

111.
[36] 钱杏芳，林瑞雄，赵亚男．导弹飞行力学[M]．北京：北京理工大学出版社，2000.
[37] 唐成师，孟宇麟，黄建雄，等．基于速度追踪法的旋转导弹空中截获制导方法研究[J]．上海航天，2017，34：56－60.
[38] 宋锦武，夏群力，徐劲祥．速度追踪制导律制导回路建模及解析分析[J]．兵工学报，2008，29(3)：323－326.
[39] RITURAJ S, SARKAR A K, GHOSE D, et al. Nonlinear Three Dimensional Composite Guidance Law Based on Feedback Linearization[C]. AIAA. Guidance and Navigation Conference and Exhibit 2004－4904.
[40] 康景利，史雪虹，康华．自适应控制方法的直接命中目标本体的平行接近制导律[J]．宇航学报，1997，18(2)：88－92.
[41] 朱卫兵，张耀良．战术导弹三点法导引遥控制导弹道方程的解析解[J]．弹箭与制导学报，2006，26(1)：245－247.
[42] 关为群，张靖．运用“状态最优预报”原理修正三点法导引弹道[J]．兵工学报，2002，23(1)：86－89.
[43] 杨林华．前置量导引法中前置角的选择方法[J]．导引与导信，1984，(2)：13－15.
[44] 严卫生，段培贤，宋明玉，等．一种基于模糊逻辑的水下航行器前置点线导导引律[J]．舰船科学技术，2002，24(2)，25－28.
[45] 刘惠明，薛林，黄玲雅．基于变系数的变前置角导引律设计[J]．现代防御技术，2005，33(4)：16－18.
[46] 张岩，张明廉．现代自动导引导弹导引规律的研究[J]．北京航空航天大学学报，1986，12(4)：148－155.
[47] 程凤舟，陈士橹．拦截弹头的修正比例导引律[J]．空军工程大学学报(自然科学版)，2003，4(4)：15－18.
[48] YANUSHEVSKY R T. Concerning Lyapunov based guidance [J]. Journal of Guidance, Control and Dynamics, 2006, 29(2)：509－511.
[49] TANUSHREE G, SIDDHARTHA M, DEBASISH G. Closed－Form Solution of RTPN Guidance Law using Adomian Decomposition[C]. IEEE Region 10 Colloquium and the Third ICIIS, 2008－527.
[50] FENG T, JENG FU S. Capture Region of a Three Dimensional PPN Guidance Law Against a High Speed－Nonmaneuvering Target[C]. American Control Conference, Washington, USA, 2008：3488－3493.
[51] HULL D G, TSENG C Y, SPEYER J L. Maximum－Information Guidance for Homing Missiles[C]. AIAA－84－1887：347－350.
[52] IMADO F, KURODA T. Optimal Midcourse Guidance for Medium－Range Air－to－Air Missiles[C]. AIAA－88－4063.
[53] DOUGHERTY J J, SPEYER J L. Improved Approximations for Near－Optimal Interceptor Guidance[C]. AIAA－95－3324.
[54] TEMPLEMAN W. Linearized Guidance Laws[C]. AIAA Journal, 1965，11：2148－

2149.

[55] STALLARD D V. Discrete Optimal Terminal Guidance for Maneuvering Target[J]. J. of Spacecraft and Rockets, 1977, (1): 381 - 382.

[56] ASHEN R B, MATUZEUSK J H. Optimal Guidance for Maneuvering Targets[J]. J. of Spacecraft and Rockets, 1974, (6): 204 - 206

[57] STOCKUM L A, WEIMER F C. Optimal and Suboptimal Guidance for a Short Range Homing Missile[J]. IEEE Aerosapce and Electronic Systems, 1976,3(5): 355 - 360.

[58] WEI K C, PEARSON A E. Control Law for an Intercept System Guidance[J]. Control and Dynamics, 1978, (9): 298 - 304

[59] RODDY D J, IRWIN G W, WILSON H. Optimal Controllers for BTT CLOS Guidance[C]. IEEE Proc. Part D: Control Theory and applications, 1984, 131(4): 109 - 116.

[60] GUELMAN M, SHINAR J. Optimal Guidance Law in the Plane[J]. Journal of Guidance,Control and Dynamics, 1984, 7(4): 471 - 476.

[61] KUMAR P R, SEYEARD H, CLIF E M. Near - Optimal Three - Dimensional Air - to - Air Missiles Guidance Against Maneuvering Target[J]. Journal of Guidance, Control and Dynamics, 1995, 18(3): 457 - 464.

[62] FORD J J, DOWER P M. Optimal Stopping and Hard Terminal Constraints Applied to a Missile Guidance Problem[C]. 5th Asian Control Conference, 2004, 3: 1800 - 1807.

[63] 汤善同. 微分对策制导律与改进的比例导引制导律性能比较[J]. 宇航学报, 2002, 23(6): 38 - 42.

[64] 万自明. 对付机动目标的微分对策导引律[J]. 战术导弹技术, 1992,12:23 - 29.

[65] ILGEN M R, SPEYER J L. Robust Approximate Optimal Plane Change Guidance Using Differential Game Theoretic Methods[C]. AIAA 2002 - 4960.

[66] 顾斌,李忠应. 地空导弹微分对策最优制导律研究[J]. 北京航空航天大学学报, 1994, 20 (1): 78 - 84.

[67] MENON P K, CHATTERJI G B. Differential Game Based Guidance Law for High Angle of Attack Missiles[J]. AIAA - 1996:3835.

[68] 沈如松. 微分对策制导规律研究[D]. 烟台: 海军航空工程学院, 1996.

[69] MISHRA S K, SARMA I G, SWANG K N. Performance Evaluation of Two Fuzzy Logic based Homing Guidance Schemes[J]. J. Guidance, Control and Dynamics, 1993, 17(6): 1389 - 1391.

[70] GONSALVES R G, CAGLAYAN A K. Fuzzy logic PID Controller for Missile Terminal Guidance[C]. Proceedings of the 1995 IEEE International Symposium on Intelligent Control, 1995: 377 - 382.

[71] SHIEH C S. Nonlinear Rule - based Controller for Missile Terminal Guidance[C]. IEEE Proceedings of Control Theory and Applications, Jan, 2003, 150(1): 45 - 48。

[72] LIN C M, MON Y J. Fuzzy - Logic - based Guidance Law Design for Missile systems [C]. Proceedings of the 1999 IEEE (ICCA): 421 - 426.

[73] LIN C L, CHEN Y Y. Design of Fuzzy Logic Guidance Law against High - Speed Target[J]. Journal of Control and Dynamics, 2000, 23(1): 17 - 25

[74] RAJASEKHAR V. Fuzzy Logic Implementation of Proportional Navigation Guidance [J]. Acta Astronautica, 2000, 46(1): 17 - 24

[75] ZHANG L. Fuzzy Controllers Based on Optimal Fuzzy Reasoning for Missile Terminal Guidance [C]. 45th AIAA Aerospace Sciences Meeting, Reno, United States, 2007: 5573 - 5580.

[76] AKBARI S, MENHAJ M B. A Fuzzy Guidance Law for Modeling Offensive Air - to - air Combat Maneuver[C], 2001: 3027 - 3031

[77] YA D L, YANG M, ZI C W. Design of fuzzy - logic - based terminal guidance law [C]. Proceedings of the Fourth International Conference on Machine Learning and Cybernetics, 2005: 888 - 892.

[78] ZOU Q Y, JIANG CHANG - SHENG, WU DI. Evolutionary Fuzzy Guidance Law with Self Adaptive Region[J]. Transactions of Nanjing University of Aeronautics & Astronautics, 21(3), 204, 9: 234 - 240.

[79] GEORGI M D, STOYCE M D, ZORAN M G. Classical and Fuzzy - System Guidance Laws In Homing Missiles Systems [C]. IEEE Aerospace Conference Proceedings, 2004: 3032 - 3049.

[80] MENON R K, IRAGAVARAPU V R. Blended Homing Guidance Law Using Fuzzy Logic[C]. 1998 AIAA Guidance, Navigation, and Control Conference, Portland, Oregon, August, 1998: 251 - 259.

[81] LIN C L, WANG T L. Fuzzy Side Force Control for Missile Against Hypersonic Target[J]. Control Theory & Applications, 2007, 1(1): 33 - 43

[82] WITOLD P. Fuzzy Clustering with a Knowledge - based Guidance[J]. W. Pedrycz/ Pattern Recognition Letters 25, 2004: 469 - 480.

[83] LI H X, TONG S C. A Hybrid Adaptive Fuzzy Control for Class of Nonlinear MIMO systems[J]. IEEE Trans. on Fuzzy Systems, 2003, 11(1): 24 - 34.

[84] RAHBAR N, BAHRAMI M. Synthesis of optimal feedback guidance law for homing missiles using neural networks[J]. Optimal Control Applications & Methods, 2000, 21: 137 - 142.

[85] COTTREL R G, VINCENT T L. Minimizing interceptor size using neural networks for terminal guidance law system[J]. Journal of Guidance, Control and Dynamics, 1996, 19(3): 557 - 562.

[86] VLAEEENBROENK J. A Chebyshev technique for solving nonlinear optimal control problems [J]. IEEE Trans on Automatic Control, 1988, 33(4): 333 - 340.

[87] JANOBE R A, JORDAN M I. Learning piecewise control strategies in a modular neural network architecture [J]. IEEE Transactions on Systems, Man and

cybernetics, 1993, 23.

[88] GOTTELL R G, VINCENT T L, SADATI S H. Minimizing interceptor size using neural networks for terminal guidance law synthesis[J]. Journal of Guidance, Control and Dynamics, 1996(3):557 - 568.

[89] 曹光前.基于神经网络的精确末制导律研究[J].飞行力学,2001,19(1):78 - 80.

[90] CRISTIAN F, RICARDO S. Online guidance updates using neural networks[J]. Acta Astronautica,2010,66:477 - 485.

[91] ZHOU RUI. Design of Closed Loop Optimal Guidance Law Using Neural Networks [J]. Chinese Journal of Aeronautics, 2002,15(2):98 - 102.

[92] 董朝阳,景韶光,王青,等.基于模糊神经网络的导弹最优寻的末制导律[J].北京航空航天大学学报,2002,28(4):373 - 375.

[93] 周锐,张鹏.基于神经网络的鲁棒制导律设计[J].航空学报,2002,23(3):262 - 264.

[94] BRIERLEY S D, LONGCHAMP R. Application of sliding mode control to air - air interception problem[J]. IEEE Trans. on Aerospace and Electronic systems, 1990, 26(2):306 - 325.

[95] 顾文锦,赵红超.变结构控制在导弹制导中的应用综述[J].飞行力学,2005,23(1):1 - 4.

[96] FU K Y, KAI Y C, LI C F. Variable Structure - Based Nonlinear Missile Guidance/Autopilot Design With Highly Maneuverable Actuators[J]. IEEE Transactions on control systems technology, 2004,12(6):944 - 949.

[97] RAVINDRA K, BABU S J G, SWAMY K N. Two variable structure homing guidance schemes with and without target maneuver estimation[C]. AIAA Guidance, Navigation and Control Conference, Scottdale,AZ,1994:216 - 224.

[98] HARL N, BALAKRISHNAN S N. Impact Time and Angle Guidance with Sliding Mode Control[C]. AIAA Guidance, Navigation, and Control Conference, Chicago, 2009 - 5897.

[99] BABUK R. Switched Bias Proportional Navigation for Homing Guidance Against Highly Maneuvering Targets[J]. Journal of Guidance Control and Dynamics, 1994, 17(6):1357 - 1363.

[100] HSU L. Smooth Sliding Control of Uncertain Systems Based on a Predication Error [J]. Journal of Robust and Nonlinear Control,1997, 7(4): 353 - 372.

[101] ZHOU D, MU C D, XU W L. Adaptive Sliding Mode Guidance of a Homing Missile[J]. Journal of Guidance Control, and Dynamics,1999,22(4): 589 - 594.

[102] ZHOU DI, MU CHUNDI, LING QIANG, et al. Optimal Sliding - Mode Guidance of a Homing Missile [J]. Decision and Control Proceedings of the 38th IEEE Conference, 1999:7 - 10.

[103] 汤一华,陈士橹,徐敏,等.基于 Terminal 滑模的动能拦截器末制导律研究[J].空军工程大学学报,2007,8(2):22 - 26.

[104] 沈明辉,陈磊,吴瑞林,等.基于 LQR/SMVS 的鲁棒最优制导律研究[J].航天控制,2006, 24(1):49 - 53.

[105] 葛连正.前置追踪拦截方式的拦截器变结构制导律研究[D].哈尔滨:哈尔滨工业大学,2009.

[106] 李士勇,章钱.变结构控制在导弹制导中的应用研究[J].控制与制导,2009,7:47-55.

[107] MORIOKA H, WADA K, SABANOVIC A, et al. Neural network based on chattering free sliding mode control[C]. Proceedings of the 34th Society for Instrument and Control Engineers Annual Conference,1995,1303-1308.

[108] RAVINDRA K B, SARMAH J G, SWAMY K N. Two Robust Homing Missile Guidance Laws Based on Sliding Mode Control Theory[C]. Proceedings of NAECON. Dayton, 1994,24:540-547.

[109] KIM M, GIRIDER K V. Terminal Guidance for Impact Attitude Angle Constrained Flight Trajectories[J]. IEEE Transaction Aerospace and Electronics Systems, 1973, 9(6):852-859.

[110] YORK K J, YASTNCK H L. Optimal terminal guidance with Constraints at Final Time[J]. Journal of Spacecraft and Rockets, 1977, 14(6):381-391.

[111] RYOO C K, CHO H J, TAHK M J. Closed form solutions of optimal guidance with terminal impact angle constraint[C]. Proceedings of the 2003 Conference on Control Application, 2003: 504-509.

[112] BYUNG S K, JANG G L. Homing Guidance with Terminal Angular Constraint against nonmaneuvering and Maneuvering Target[C]. AIAA-97-3474:189-199.

[113] MARIO I, FABIO P, FRANCESCO N. AVSS Guidance Law for Agile Missile[C]. AIAA-97-3473: 381-391.

[114] BENSHABAT D G, BARGILL A. Robust Command to Line-of-Sight Guidance via Variable Structure Control[J]. IEEE Transactions on Control Systems Technology,1995,3:356-361.

[115] SLOTINE J J, SASTRY S S. Tracking control of nonlinear systems using sliding surfaces with application to robot manipulator[J]. International Journal of Control, 1983, 38(2):465-492.

[116] SHUBHI P. Higher Order Sliding Mode Controller for Robotic Manipulator[C]. 22nd IEEE International Symposium on Intelligent Control,2007:556-561.

[117] 宋建梅,张天桥.变结构控制在制导与控制中的应用综述[J].弹箭与制导学报,1999(4): 32-38.

[118] 梅向明,黄敬之.微分几何[M].北京:高等教育出版社,2000.

[119] LI K B, CHEN L,TANG G J. Algebraic solution of differential geometric guidance command and time delay control[J]. Science China Technological Sciences,2015,58(3):565-573.

[120] ARIFF O, ZBIKOWSKI R, TSOURDOS A, et al. Differential Geometric Guidance Based on the Involute of the Target's Trajectory[J]. Journal of guidance, control, and dynamics,2005,28(5):990-996.

[121] CHIOU Y C, KUO C Y. Geometric Approach to Three - dimensional Missile Guidance Problem[J]. Journal of Guidance, Control and Dynamics, 1998, 21(2):335 - 341.

[122] KUO C Y, CHIOU Y C. Geometric Analysis of Missile Guidance Command[J]. IEEE Control theory and application, 2000, 147(2):205 - 211.

[123] KUO C Y, CHIOU Y C. Geometric Analysis of Flight Control Command for Tactical Missile Guidance[J]. IEEE Trans. on control system technology, 2001, 9 (2):234 - 243.

[124] LI CHAOYONG, JING WUXING. Geometric Approach to Capture Analysis of PN Guidance Law[J]. IEEE Trans. on aerospace and electronic systems, 2008, 12(2): 177 - 183.

[125] 黄景帅，张洪波，汤国建，等. 机动目标拦截新型微分几何制导律设计[J]. 系统工程与电子技术，2018，40(10)：2288 - 2295.

[126] ADLER F R. Missile Guidance by Three - Dimensional Proportional Navigation[J]. Journal of Applied Physics, 1956, 27(5): 500 - 507.

[127] BEZICK S, RUSNAK I, GRAY W S. Guidance of a Homing Missile Via Nonlinear Geometric Control Methods[J]. Journal of Guidance, Control, and Dynamics, 1995, 18(3): 441 - 448.

[128] LENG G. Guidance Algorithm Design: A Nonlinear Inverse Approach[J]. Journal of Guidance, Control, and Dynamics, 1998, 21(5): 742 - 746.

[129] TAUR D R. Nonlinear Guidance and Navigation of a Tactical Missile with High Heading Error[C]. AIAA Guidance, Navigation, and Control Conference, 2002, AIAA - 2002 - 4773.

[130] WHITE B A, Zbikowski R, Tsourdos A. Direct Intercept Guidance Using Differential Geometric Concepts[J]. IEEE Transactions on Aerospace and Electronic Systems, 2007, 43(3):899 - 919.

[131] WHITE B A, Zbikowski R, Tsourdos A. Direct Intercept Guidance Using Differential Geometric Concepts [C]. AIAA Guidance , Navigation, and Control Conference . San Francisco, CA, United States, 2005, AIAA - 2005 - 5969.

[132] KREYSZIG E. Differential Geometry[M]. Dover, 1991.

[133] 张友安，胡云安，苏身榜. 三维制导的几何方法和鲁棒几何方法[J]. 航空学报，2002，23(1)：88 - 90.

[134] 张友安，胡云安，林涛. 导弹制导的鲁棒几何方法[J]. 控制理论与应用，2000，20(1)：13 - 20.

[135] LI C Y, JING W X. Fuzzy PID Controller for 2D Differential Geometric Guidance and Control Problem[J]. IET Control Theory and Applications, 2007, 1(3): 564 - 571.

[136] LI C Y, JING W X, WANG H, et al. A Novel Approach to the 2D Differential Geometric Guidance Problem[J]. Transactions of the Japan Society for Aeronautic

and Space Sciences, 2007, 50(167): 34 - 40.

[137] LI C Y, JING W X, WANG H, et al. Development of Flight Control System for 2D Differential Geometric Guidance and Control Problem[J]. Aircraft Engineering and Aerospace Technology, 2007, 79(1):60 - 68.

[138] LI C Y, JING W X, WANG H, et al. Application of 2D Differential Geometric Guidance to Tactical Missile Interception[C]. Proc. of IEEE Aerospace Conference, Boston: IEEE Press, 2006:1953 - 1958.

[139] LI C Y, JING W X, WANG H, et al. Iterative Solution to Differential Geometric Guidance Problem[J]. Aircraft Engineering and Aerospace Technology, 2006, 78(5): 415 - 425.

[140] 李超勇，齐治国，荆武兴. 平面微分几何制导律应用研究[J]. 哈尔滨工业大学学报，2007,35(7):1031 - 1035.

[141] LI C Y, JING W X. Application of PID Controller to 2D DifferentialGeometric Guidance and Control Problem[J]. Journal of Control Theory and Applications, 2007, 5(3): 285 - 290.

[142] LI C Y, JING W X. Geometric approach to capture analysis of PN guidance law [J]. Aerospace Science and Technology, 2008, 12:177 - 183.

[143] 李超勇，荆武兴，齐治国，等. 空间微分几何制导律应用研究[J]. 宇航学报，2007,28(5):1235 - 1240.

[144] 李超勇. TBM 拦截器制导与控制若干问题研究[D]. 哈尔滨:哈尔滨工业大学，2011.

[145] LI C Y, JING W X, QI Z G, et al. Application of the 3D differential Geometric Guidance Commands[J]. Journal of Astronautics, 2007, 28(5):1235 - 1240.

[146] LI C Y, JING W X. New Results on Three - dimensional Differential Geometric Guidance and Control Problem [C]. AIAA. Guidance navigation and control conference and exhibit, Colorado: AIAA Press, 2006:6086 - 6096.

[147] LI C Y, JING W X, QI Z G. Gain Varying Guidance Algorithm using Differential Geometric Guidance Command[J]. IEEE Transactions on Aerospace and Electronic Systems, 2010, 46(2):725 - 736.

[148] LI C Y, JING W X, WANG H, et al. Iterative Solution to Three - dimensional Differential Geometric Guidance Problem [C]. Proceeding of IEEE Aerospace Conference, MT, 2006.

[149] LI C Y, JING W X. New Results on Three - dimensional Differential Geometric Guidance and Control Problem [C]. Proceeding of 2006 AIAA Guidance, Navigation, Control Conference and Exhibit, AIAA - 2006 - 6086.

[150] LI C Y, JING W X. Adaptive Backstepping - based Flight Control System using Integral filters[J]. Aerospace Science and Technology, doi: 10. 1016/j. ast. 2008. 05. 002.

[151] LI C Y, GAO C S, JING W X. Adaptive Constrained Backstepping Control With Applications to Flight Control System[C]. Proceeding of 2008 AIAA Guidance,

Navigation, Control Conference and Exhibit, AIAA - 2008 - 6785.

[152] Li K B, Chen L, Bai X Z. Differential geometric modeling of guidance problem for interceptors[J]. Science China, 2011, 54(9): 2283 - 2295.

[153] 黎克波，陈磊，白显宗. 拦截弹制导的微分几何建模[J]. 中国科学，2011，41(9)：1205 -1217.

[154] 黎克波. 拦截机动目标的微分几何制导律[D]. 长沙：国防科技大学，2010..

[155] YUAN P J, CHERN J S. Ideal Proportional Navigation[J]. Journal of Guidance, Control, and Dynamics, 1992, 5(5):1161 - 1165.

[156] YANG C D, YANG C C. A Unified Approach to Proportional Navigation[J]. IEEE Transactions on Aerospace and Electronic Systems, 1997, AES 33(2):557 - 567.

[157] YANG C D, YANG C C. Analytical Solution of 3D Realistic True Proportional Navigation[J]. Journal of Guidance, Control, and Dynamics, 1996, 19(3):569 - 577.

[158] YANG C D, YANG C C. Analytical Solution of 3D True Proportional Navigation [J]. IEEE Transactions on Aerospace and Electronic Systems, 1996, AES 32(4): 1509 - 1522.

[159] YANG C D, YANG C C. Analytical Solution of Generalized Three - Dimensional Proportional Navigation[J]. Journal of Guidance, Control, and Dynamics, 1996, 19 (3):721 - 724.

[160] DHAR A, GHOSE D. Capture region for a realistic TPN guidance law[J]. IEEE Transactions on aerospace and electric systems, 1993, 29(3), 995 - 1003.

[161] GUELMAN M. The closed - form solution of true proportional navigation[J]. IEEE Transactions on aerospace and electric systems, 1976, 12(4):472 - 482.

[162] OH J H, HA I J. Performance analysis of 3 - dimensional PPNG law against a high speed target[J]. Proc. of the 36th Conference on Decision and Control, California, 1997, 4:3144 - 3149.

[163] FENG TYAN. A Unified Approach to Missile Guidance Laws: A 3D Extension[C]. Proceedings of the American Control Conference, Anchorage, 2002:1711 - 1716.

[164] ADLER F P. Missile guidance by three - dimensional proportional navigation[J]. J. Appl. Phys, 1956, 27 (5):500 - 507.

[165] BEZICK S, RUSNAK I. Guidance of a homing missile via nonlinear geometric control method[J]. J. Guidance Control Dynam, 1995, 18 (3):441 - 448.

[166] FENG TYAN, JENG FU SHEN. Capture Region of a Three Dimensional PPN Guidance Law Against a High Speed - Nonmaneuvering Target[C]. 2008 American Control Conference. Washington, USA. 3488 - 3493.

[167] 叶继坤，雷虎民，王飞，等. 微分几何制导律捕获条件研究[J]. 系统工程与电子技术，2010，32(11)：2402 - 2406.

[168] YE J K, LEI H M, LI J. Novel fractional order calculus extended PN for maneuvering targets [J]. International Journal of Aerospace Engineering, 2017,

https://doi.org/10.1155/2017/5931967.

[169] SONG S H, HA I J. A Lyapunov Like Approach to Performance Analysis of 3 - Dimensional Pure PNG Laws[J]. IEEE Transactions on Aerospace and Electronic Systems,1994, 30(1):238 - 247.

[170] EFEA M O, UNSALB C, KAYNAK O. Variable structure control of a class of uncertain systems[J]. Automatica, 2004,40:59 - 64.

[171] FU YUSUN, TIAN ZUOHUA, SHI SONGJIAO. Robust H^{∞} control of uncertain nonlinear systems[J]. Automatica, 2006, 42:1547 - 1552.

[172] SKJETNE R, FOSSENA T, KOKOTOVI P V. Robust output maneuvering for a class of nonlinear systems[J]. Automatica, 2004,40: 373 - 383.

[173] Fang Wei, Jiang Changsheng. Nonlinear predictive control of an aerospace vehicle based on adaptive fuzzy systems[J]. Acta Aeronauticaet Astronautica Sinica, 2008, 29(4): 988 - 994.

[174] EFEA M O, UNSALB C, KAYNAK O. Variable structure control of a class of uncertain systems[J]. Automatica, 2004,40:59 - 64.

[175] 刘金琨,孙富春.滑模变结构控制理论及其算法研究与进展[J].控制理论与应用, 2007, 24(3):407 - 418.

[176] 佘文学,周凤岐.一类不确定非线性系统变结构自适应鲁棒控制[J].西北工业大学学报,2004, 22(1):25 - 28.

[177] 齐晓慧,杨志军,吴晓蓓.基于简单自适应控制的滑模飞行重构控制律[J].飞行力学, 2010,28(4):37 - 41.

[178] JOACHIM D, SCHMID C. A state space embedding approach to approximate feedback linearization of single input nonlinear control systems[J]. International Journal of Robust and Nonlinear Control, 2006, 16(9):421 - 440.

[179] SINA M, MAHDA J, OMID D. Nonlinear control of distillation column using feedback linearization[J]. MIC, 2007(3):277 - 284

[180] 关为群,殷兴良.导弹大攻角高机动飞行特性分析与仿真[J].现代防御技术, 2006(4):12 - 16.

[181] 陈兴林,花文华.拦截导弹自适应动态滑模制导[J].黑龙江大学工程学报,2010,1(1): 110 - 113.

[182] 李博.模糊自适应滑模制导律研究[D].哈尔滨:哈尔滨工业大学,2007.

[183] 陈克俊,赵汉元.一种适用于攻击地面固定目标的最优再入机动制导律[J].宇航学报,1994,15 (1):127.

[184] CHEN B S, CHEN Y Y, LIN C L. Nonlinear fuzzy H guidance law with saturation of actuators against maneuvering targets[J]. IEEE Transactions on Control Systems Technology, 2002,10 (6):769 - 779.

[185] LU P, DOMAN D B, SCHIERMAN J D. Adaptive terminal guidance for hypervelocity impact in specified direction[R] . AIAA - 2005 - 6059, 2005.

[186] 孙未蒙,郑志强.一种多约束条件下的三维变结构制导律[J].宇航学报,2007,28 (2):

344－349.

[187] 于雷，李言俊，欧建军. 现代战机最佳导引算法研究[J]. 航空学报，2006，27 (2)：314－317.

[188] 张平，黄雅. 导弹动力学建模与 BTT 解耦控制[J]. 系统仿真学报，2006，18 (2)：773－776.

[189] 连葆华，崔平远，崔祜涛. 高速再入飞行器的制导与控制系统设计[J]. 航空学报，2002，23 (2)：115－119.

[190] 韩大鹏，孙未蒙，郑志强，等. 一种基于李群方法的新型三维制导律设计[J]. 航空学报，2009，30(3)：468－475.

[191] HAN D P，SUN W M. A Novel Sliding－mode Guidance Law Based on Lie－group Method[J]. Journal of China ordnance，2010，6(1)：25－34.

[192] 彭双春，潘亮，韩大鹏，等. 一种新型三维制导律设计的非线性方法[J]. 航空学报，2010，31(10)：2018－2025.

[193] MURRAY R M，LI Z X，SASTRY S S. An Mathematical Introduction to Robotic Manipulation[M]. CRC Press，1994.

[194] 尹君毅. 李群理论在非线性微分方程可积性中的应用性研究[D]. 北京：北京交通大学，2009.

[195] 李方方. 基于李群理论的几类自治系统的可积性研究[D]. 北京：华北电力大学，2009.

[196] 韩大鹏. 基于四元数代数和李群框架的任务空间控制方法研究[D]. 长沙：国防科学技术大学，2008.

[197] WEISS L，INFANTE E. Finite Time Stability under Perturbing Forces and on Product Spaces[J]. IEEE Transactions on Automatic Control，1967，12(1)：54－59.

[198] WEISS L，TNFANTE E. On the Stability of Systems Defined Over a Finite Time Interval[C]. Proceedings of the National Academy of Sciences of the United States of American，1965，54(1)：44－48.

[199] WEISS L. Converse Theorems for Finite－Time Stability[J]. SIAM Journal on Applied Mathematics，1968，16(6)：1319－1324.

[200] AMATO F，ARIOLA M，COSENTINO C. Finite－Time Control of Linear Time Varying Systems via Output Feedback[C]. Proceedings of the 2005 American Control Conference. Portland，OR，USA，2005：4722－4726.

[201] 辛道义，刘允刚. 非线性系统有限时间稳定性分析与控制设计[J]. 山东大学学报(工学版)，2007，37(3)：24－30.

[202] 孙胜. 有限时间收敛寻的导引律[D]. 哈尔滨：哈尔滨工业大学，2010.

[203] 丁世宏，李世华，罗生. 基于连续有限时间控制技术的导引律设计[J]. 宇航学报，2011，32(4)：727－733.

[204] PLIS A. On Trajectories of Orientor Fields[J]. Bull Acad. Polon. Sci，1965，13：565－569.

[205] DAVY J. Properties of the Solution Set of a Generalized Differential Equation[J]. Bull. Australian Math. Soc.，1972，6：379－398.

[206] FILIPPOV A F. Differential Equations with Discontinuous Right - Hand Side Math [J]. Journal of Mathematical Analysis & Applications. 1960,154(2):99 - 128.

[207] 秦泗甜. 基于微分包含的非光滑动力系统分析及其应用[D]. 哈尔滨:哈尔滨工业大学,2010.

[208] FILIPPOV A F. Classical Solutions of Differential Equations with Multi - valued Right - Hand Side[J]. SIAM J. Control. Optim. 1967, 6:609 - 621.

[209] 于金凤. 几类微分包含周期解的存在性及可控性研究[D]. 哈尔滨:哈尔滨工业大学, 2007.

[210] MICHEAL E. Continuous Selections[J]. I. Ann. of Math, 1956, 63:361 - 381.

[211] BRESSAN A, COLOMBO G. Extensions and Selections of Maps with Decomposable Values[J]. Studia Math,1988, 90:69 - 86.

[212] TOLSTONOGOV A A. Extreme Continuous Selectors of Multivalued Maps and Their Applications [J]. J. Differential Equations,1995, 122:161 - 180.

[213] TOLSTONOGOV A A, TOLSONOGOV D A. Continuous Extreme Selectors of Multifunctions with Decomposable Values. I: Existence Theorems, II: Relaxation Theorems[J]. Set - Valued Anal, 1996, 4:173 - 203, 237 - 269.

[214] ZHANG Q H, LI G. Nonlinear boundary value problems for second order differential inclusions[J]. Nonlinear Analysis Theory, Methods and Applications. 2009, 70(9):3390 - 3406.

[215] 林壮,段广仁,宋申民. 刚体航天器姿态跟踪的高阶滑模控制器设计[J]. 控制与决策, 2009,24(11):1753 - 1756.

[216] LEVANT A. Quasi - continuous high - order sliding - mode controllers[J]. IEEE Trans. on Automatic Control, 2005, 50(11):1812 - 1816.

[217] NERSESOV S G, HADDAD W M. On the stability and control of nonlinear dynamical systems via vector Lyapunov functions [J]. IEEE Transactions on Automatic Control,2006, 51(2):203 - 215.

[218] HAJER B, BENHADJ B N. On the stability analysis of nonlinear systems using polynomial Lyapunov functions[J]. Mathematics and Computers in Simulation. 2008, 76(5):316 - 329.

[219] ATASSI A N, KHALIL H K. Separation results for the stabilization of nonlinear system using different high - gain observer designs[J]. Systems & Control letters, 2000, 39: 183 - 191.

[220] 韩崇昭,朱洪艳,段战胜,等. 多源信息融合[M]. 北京:清华大学出版社,2006

[221] 杨青智. 机动目标跟踪技术的研究[D]. 西安: 西安电子科技大学, 2008.

[222] Singer R A. Estimating optimal tracking filter performance for manned maneuvering targets[J]. IEEE Trans. on Aerospace and Electronic Systems,1970,Vol. 6(4): 473 - 483.

[223] 周宏仁,敬忠良,王培德. 机动目标跟踪[M]. 北京:国防工业出版社, 1991.

[224] LI X R, JILKOV V P. Survey of Maneuvering Target Tracking. Part 1:Dynamic

Models[J]. IEEE Transactions on Aerospace and Electronic Systems, 2003, 39(4): 1333-1364.

[225] JILKOV V P, LI X R, RU J F. Modeling Ballistic Target Motion during Boost for Tracking[C]. Proceedings of SPIE Symposia on Signal and Data Processing of Small Targets, 2007, 6699 669909: 1-12.

[226] 王小虎. 寻的制导导弹制导系统中制导、半实物仿真设计与实验及相关理论问题的研究[D]. 北京:北京航空航天大学,2000.

[227] FARINA A, RISTIC B, BENVENUTI D. Tracking a Ballistic Target: Comparision of Several Nonlinear Filters[J]. Transactions on Aerospace and Electronic Systems, 2002,38(3):854-867.

[228] 杨志峰. 基于动态逆方法的地空导弹鲁棒控制研究[D]. 西安: 空军工程大学, 2011.

[229] 刘兴堂, 吴晓燕. 现代系统建模与仿真技术[M]. 西安: 西北工业大学出版社, 2001.

[230] 王行仁. 飞行实时仿真系统及技术[M]. 北京: 北京航空航天大学,1998.